ASTAXANTHIN
A Kind of Powerful
Natural Anti

虾青素

强大的天然抗氧化剂

周晴中　朱轶强　/编著

北京大学出版社
PEKING UNIVERSITY PRESS

图书在版编目（CIP）数据

虾青素：强大的天然抗氧化剂/周晴中，朱轶强编著. —北京：北京大学出版社，2022.6

ISBN 978-7-301-33039-5

Ⅰ.①虾… Ⅱ.①周…②朱… Ⅲ.①虾青素－基本知识 Ⅳ.①Q586

中国版本图书馆CIP数据核字（2022）第086362号

书　　　名	虾青素：强大的天然抗氧化剂
	XIAQINGSU: QIANGDA DE TIANRAN KANGYANGHUAJI
著作责任者	周晴中　朱轶强　编著
责 任 编 辑	刘　洋　曹京京　郑月娥
标 准 书 号	ISBN 978-7-301-33039-5
出 版 发 行	北京大学出版社
地　　　址	北京市海淀区成府路205号　100871
网　　　址	http://www.pup.cn 新浪微博：@北京大学出版社
电 子 信 箱	编辑部邮箱 lk2@pup.cn　总编室邮箱 zpup@pup.cn
电　　　话	邮购部010-62752015　发行部010-62750672　编辑部010-62764976
印 刷 者	天津中印联印务有限公司
经 销 者	新华书店
	720毫米×1020毫米　16开本　13.75印张　200千字
	2022年6月第1版　2024年11月第5次印刷
定　　　价	46.00元

前　言

中共中央、国务院印发的《"健康中国 2030"规划纲要》是推进健康中国建设、提高人民健康水平的指导性文件，是民族昌盛和国家富强的重要标志，也是广大人民群众的共同追求。在人民健康水平不断提高的今天，我国也面临着工业化、城镇化、人口老龄化以及疾病谱、生态环境、生活方式不断变化等带来的新挑战。调查数据显示：中国符合世界卫生组织关于健康定义的人群只占总人口数的 15%，有 15% 的人处于疾病当中，剩下 70% 的人处于"亚健康"状态，中国迫切需要统筹解决关系人民健康的重大和长远问题。推进"健康中国"建设就要使人们少生病甚至不生病，为此必须坚持以预防为主，预防应大于治疗，推行健康文明的生活方式，营造绿色安全的健康环境。为贯彻《"健康中国2030"规划纲要》，就要注重普及健康知识，使更多的人了解防病、治病的方式，保障自己的身体健康，不要因为缺乏相关知识而生病。尽量做到早预防、早诊断、早治疗和早康复，真正做到自己是自己最好的保健医生，保持身体健康。

在当前大健康知识的传播中，自由基和抗氧化这两个名词在保健用品、化妆品和日常食品等中出现的频率越来越高。清除体内的多余自由基就需要抗氧化剂，而虾青素正是一种强大的天然抗氧化剂。虾青素具有较长的共轭双键链，两端具有 α- 羟基酮的化学结构，再加上天然虾青素无毒又无副作用的优势，因此有关虾青素的研究越来越受到科研人员的重视，虾青素的使用也更加受到人们的青睐，被称为"健康生活的新使者"。目前世界上有越来越多的科研人员对虾青素展开研究，在国内外各核心杂志上不断有新的虾青素研究成果发表。截至 2021 年 7 月 16 日，如果在美国《化学文摘》（网络版）输入 astaxanthin（虾青素）这个词，就能搜索到 14 000 多篇有关虾青素的研究文章。我国自 2010 年原卫生部将雨生红球藻虾青素批准作为新资源食品以来，国内虾青素产业就得到了快速发展，市场上已涌现出大批虾青素产品。在我国，虾青素的科研工作也掀起了热潮，成果显著。查看中国知网可以看到，截至 2021 年 7 月 16 日，发表在学术期刊上的研究文章和硕士、博士论文已有 1800 多篇；查看国家知识产权局中国专利公布公告，可查阅到已公开的虾青素发明申请专利近 900 篇。这些文章和专利都具有新颖性和独创性，它们的发表必将引起国内抗氧化剂市场的革命。

虾青素是一种从虾蟹外壳、牡蛎、鲑鱼、藻类及真菌中发现的一种红色类胡萝卜素，它能够有效地清除身体内的自由基和活性氧，在疾病预防和治疗中可以起到重要作用。虾青素因近年来所发现的多方面生理功能，引起了科学家和消费者的极大关注，是目前经济价值和应用价值较高的一种类胡萝卜素。虾青素由于具有强抗氧化性，在很多方面具有独特的作用。虾青素能够阻止脂质过氧化，保护机体中枢神经、眼睛等组织结构免受自由基的伤害，具有很高的免疫调节活性，还可抗炎、预防癌症发生，对紫外线引起的皮肤癌有很好的预防和治疗效果，在功能食品、化妆品和医药方面都有广泛的应用前景。目前国际市场上虾青素的价格约每千克 2500 美元。2017 年虾青素的市值已达到 5.5 亿美元，预计 2022 年销售额将达到 8 亿美元，2025 年有望达到 10 亿美元。

目　录

第一章

清除自由基保证身体健康

（一）自由基和单线态氧

自由基在化学上指的是含有不成对电子的原子或基团，由于本身的电子还未完全配对而具有强氧化性。在由原子组成的世界中，两个及两个以上的原子组合在一起就要遵守一个特别的法则：这两个原子的外围电子要配对；如果不配对，它们就要去寻找另外的电子，才能使自己变成稳定的物质。科学家把这种有着不成对电子的原子、基团或分子叫做自由基。在体内常见的自由基有：超氧阴离子自由基（$\cdot O_2^-$，氧分子的轨道上有两个未成对电子，吸收能量后，激发为单线态氧（$^1O_2$），很不稳定，反应活性很强。如果基态的氧再接受一个电子，就变成了有一个单电子的典型的超氧阴离子自由基）、羟自由基（OH·）、氢自由基（H·）

和甲基自由基（•CH$_3$）等。产生自由基的原因有很多，正常的生理过程，如消化过程、呼吸过程、免疫过程都会产生自由基。在我们身体每时每刻的新陈代谢过程中，身体从里到外都在运动，需要不断地搬运和消耗能量，而负责传递能量的搬运工就是自由基。一般情况下，生命活动是离不开自由基的。当这些帮助能量转换的自由基被封闭在细胞里，不能乱跑乱窜时，它们对生命是无害的；但如果自由基的活动失去控制，且超过一定的量，生命的正常秩序就会被破坏，疾病可能就会随之而来。癌症等各种疾病和衰老的发生，大都与体内过量自由基的产生有关联。自由基是一把双刃剑，在认识自由基、了解自由基对人体作用的同时，更要了解清除身体中多余自由基对健康的重要性。随着年龄的增长，新陈代谢的减缓，多余自由基的积累会越来越多，所以老年人更要注意清除体内多余的自由基。另外，空气污染、饮食不当、生活压力过大、不良的生活方式、日光的暴晒、高强度的运动等都会产生大量的自由基，多余的自由基应当及时清除才有助于祛病延寿。

什么是单线态氧？单线态氧即激发态氧分子，是具有很强活性的氧自由基，对细胞有毒性作用。单线态氧是分子氧顺磁性状态的一种通称，属于活性氧（ROS，是生物有氧代谢过程中的一种副产品，包括氧离子、过氧化物和氧自由基等），在许多自由基反应中都可以形成。单线态氧因电子解除了自旋限制，所以反应活性远比普通氧高，是一种非常不稳定的氧形式，细胞膜、线粒体等结构对单线态氧最为敏感。单线态氧能与细胞中多种生物大分子发生作用，可通过与分子结合，造成细胞膜系统的损伤。单线态氧在体内会不断生成与淬灭，并且在多种生理及病理过程中起作用，其中既有好的作用也有坏的作用。坏的作用如在光敏化、氧化条件下，各种生物成分，如蛋白质、氨基酸和核酸等，都很容易与单线态氧反应而使有机体损伤，可在动物和人体中引起蛋白质光氧化疾病等。一些抗氧化剂的作用原理就是通过接受不同电子激发态的能量，吸收光能并通过单线态 - 单线态能量转移过程使单线态氧的能量转移到抗氧化剂上，生成基态氧分子和三重态抗氧化剂分子，并在此过程中将能量释放。类胡萝卜素和生育酚（维生素 E）等 30 余种生物抗氧化剂都具有淬灭单线态氧的作用，其淬灭能力与类胡萝卜素分子中所含有的共轭双键数目有着密切的关系。共轭双键越多，淬灭能力越强。因此具有较多共轭双键的虾青素抗氧化能力就较强大。

（二）细胞电子被自由基抢夺会导致患病

人体是由细胞组成的，人体细胞电子被自由基抢夺会导致患病。自由基含未配对电子，所以极不稳定，在人体中会从邻近的分子（包括脂质、蛋白质和 DNA）上夺取电子，让自己处于稳定的状态。人体在新陈代谢过程中需要氧，就不可避免地会产生氧自由基。氧自由基造成的损伤没有特异性，可以在任何组织或器官中发生，如不能及时去除，则会造成组织、器官的损伤。在人体内，当氧自由基跟复杂的新陈代谢分子结合时就会生成各种自由基。自由基可以随时与可以反应的分子结合，在反应时发生氧化。氧化过程一旦开始，就会引起连锁反应，产生更多的自由基。自由基会损伤体内组织进而影响免疫系统，破坏细胞和细胞里的 DNA，使细胞无法正常发挥作用而导致患病。自由基还能引起蛋白质变性和交联，使酶及激素失活，破坏核酸的结构并导致代谢异常，最终，使人体处于亚健康或不健康状态并患各种疾病。

抗氧化对人体抵抗疾病、延续生命很重要。身体为抵抗自由基的损害，本身就存在抗氧化系统，否则就会很快衰老而不能继续存活。在机体的抗氧化系统中，有一系列抗氧化物质，被统称为抗氧化剂或抗氧化酶，如超氧化物歧化酶（SOD，可催化过氧阴离子发生歧化反应）、谷胱甘肽过氧化物酶（GSH-Px，是机体内重要的过氧化物分解酶）等。体内抗氧化剂是清除氧化攻击、稳定细胞分化状态的主要物质。在一般情况下，机体内的抗氧化系统与自由基的产生是平衡的。当身体内抗氧化系统不足以抵消自由基的产生时，就会发生过氧化反应，出现亚健康状态并患疾病。此时就需要从体外补充能抵抗自由基的抗氧化物质，以抵消自由基对人体细胞的氧化攻击。

1. 自由基损伤细胞

生物膜除细胞膜外,还包括分隔细胞内各种细胞器的膜,这些膜共同构成膜系统。生物膜的基质由磷脂组成。为维持生物膜的流动性和功能正常,磷脂中要含有相当比例的不饱和脂肪酸。生物体要维持有氧代谢,氧自由基就会随着时间的推移不断在体内积累。自由基过剩或抗氧化剂缺乏时,生物膜中不饱和脂肪酸的双键会被产生的氧自由基损坏,引起脂质过氧化反应。这类反应会对生物体的膜结构造成破坏,使生物膜结构受到损伤,进而对细胞器结构和功能产生影响,后对整个细胞产生损害,并进一步损伤机体组织与器官。氧自由基使生物膜中的多不饱和脂肪酸发生脂质过氧化,是典型的氧自由基参与的自由基链式反应。脂质分子被抢夺一个氢原子,会生成一个反应性极强的脂质自由基,脂质自由基的激发会引起链增长反应,生成新的自由基。新的自由基再通过一系列的反应,使链式反应继续增长下去。不断生成的脂质过氧化物,在一定的情况下会分解并产生丙二醛(MDA,是膜脂过氧化最重要的产物之一)。丙二醛的含量可以作为间接反映细胞受氧自由基损伤程度的指标。脂质过氧化对生物膜的损伤是造成生物体氧化损伤的主要原因。

细胞膜的损害必然造成细胞功能的异常和细胞的衰老。细胞膜具有多种功能,如物质运送、能量转换、细胞识别、信息传递、神经传导、代谢调控等。细胞必须与周围环境发生信息、物质与能量的交换,才能完成特定的生理功能和新陈代谢。许多药物的作用、肿瘤的发生等也都与生物膜有关。氧自由基的半衰期仅为 $10^{-6} \sim 10^{-8}$ s,但它可以在短时间内引起氧化链式反应,把其他物质氧化成自由基,进而引起脂质过氧化,造成蛋白质的交联(蛋白质 - 蛋白质交联、蛋白质 -DNA 交联),发生 DNA 链断裂、碱基缺失和氧化性损伤等。在细胞分裂时,这些变化可使 DNA 双螺旋无法打开,引起细胞畸变。氧自由基可使蛋白质分子多肽链断裂、巯基形成二硫键,引起蛋白质构象变化,使一些关键酶被激活或灭活,还可使糖胺聚糖解聚引起结缔组织的炎症反应。另外,脂质过氧化作用过程中产生的一些中间产物，如丙二醛等，对细胞和细胞内的成分也有一定的损害作用。

2. 自由基损伤DNA

自由基可引起DNA的氧化损伤，甚至可能会引起基因突变，使DNA的转录、翻译发生错误，导致DNA发出错误的信息，使整个细胞发生代谢紊乱。每天，每个人体内大约有上亿个氧分子要通过细胞，这会造成大约10万个DNA的损伤。为修复DNA，就要活化参与DNA单链断裂后监测与修复过程的核糖聚合酶（PARP）。核糖聚合酶是DNA碱基切除修复的关键酶。在核糖聚合酶催化修复DNA的反应过程中要消耗大量二磷酸腺苷（ADP），并使三磷酸腺苷（ATP）的产生减慢。细胞内三磷酸腺苷的减少甚至枯竭，会最终导致细胞凋亡。

3. 过多自由基会引起癌症等多种疾病

自由基会引起细胞的凋亡，甚至引起癌症。自由基夺去细胞蛋白质的电子，会使蛋白质支链发生烷基化，形成畸变的分子而致癌。该畸变分子被自由基夺去电子而缺少电子，又会去夺取邻近分子的电子，使邻近分子也发生畸变，从而使癌细胞长大并扩散。人们在研究自由基在癌症中参与的问题时，发现较多的致癌物在体内经过代谢活化会形成自由基，这就说明了自由基是癌症发生过程中一个非常重要的角色。事实上，一个正常细胞发生癌变需要一定的条件，必须要经历两个阶段，即诱发和促进，而这两个阶段都有自由基的参与。因此，有效地控制自由基也是防止癌变的一种重要手段。

自由基在体内有双重性。在正常情况下，体内自由基具有一定的功能，如免疫和信号转导；但过多的自由基就会有破坏作用，导致人体正常细胞和组织被损坏，引起多种疾病，如心脑血管疾病、阿尔茨海默病（AD，老年性痴呆）、帕金森病（PD）、糖尿病、肝脏疾病、神经退行性疾病、眼科疾病和皮肤疾病等。自由基进入血液，会和低密度脂蛋白结合，形成氧化型低密度脂蛋白（OX-LDL）。这种脂蛋白在血管壁内会被当成异己物质，被自身免疫细胞吞噬形成泡沫细胞。大量的泡沫细胞在血管中堆积，会使血管壁向外凸出，最终导致动脉粥样硬化变窄，形成各种心脑血管疾病。

4. 自由基促使人衰老

人体衰老是生命活动中必不可少的一部分，是由环境和遗传基因等多种因素相互影响造成的，表现为随时间增龄而显示的全身性、渐进性、衰退性和不可逆的机体变化和一系列功能紊乱。自由基造成细胞衰老的主要特征有：细胞内酶活性降低、细胞内呼吸速度减慢、细胞核体积增大、线粒体数量减少且体积增大、细胞内水分减少、新陈代谢的速度减慢、细胞膜通透性功能改变、细胞内色素积累等。如今引起衰老的学说有很多，如自由基学说、端粒学说、线粒体 DNA 损伤学说等。但在众多学说中，自由基学说被广为接受。自由基学说认为：自由基是人体衰老和患疾病的主要原因。衰老是体内产生自由基的随机过程，是由自由基引起的损伤积累战胜了机体修复能力，导致细胞分化状态的改变甚至丧失分化能力的结果。细胞衰老的过程虽然比较复杂，但自由基对细胞衰老有重要的影响已取得共识。一旦自由基产生过多，或者由于某些原因导致自由基清除过慢，这些非常活泼的自由基就可攻击细胞生物膜，造成细胞损伤，并导致机体自由基的升高和机体抗氧化能力的减弱，细胞毒性不同程度增加，最终造成细胞结构瞬间不可逆的改变和损伤。外界环境刺激及体内线粒体、脂肪酸等物质的有氧代谢，均可产生超氧阴离子自由基、过氧化氢（H_2O_2）、羟自由基等各种过氧化因子，从而触发过氧化反应，诱导细胞内物质发生过氧化并引起细胞凋亡，加速衰老进程。环境中的阳光辐射、空气污染、农药等都会使人体产生更多自由基。新陈代谢中的各种生化反应处处需要酶，衰老首先出现在酶上，再导致 DNA、RNA 的变化，进而引起蛋白质的变化，使代谢和循环过程出现错误，导致身体衰老以致最后死亡。老年人体力衰退、免疫力下降、皮肤失去光泽及弹性等，都是由年龄增长，人体修复自由基的能力下降所致。若一个人衰老得比别人快，很可能是自身的抗氧化出了问题。

（三）多余自由基必须清除

生物氧化是糖、脂质和蛋白质等有机物在体内经过一系列的氧化分解，最终生成二氧化碳和水并释放出能量的过程。生命活动过程中会产生自由基，如消化和呼吸产生少量的自由基，其中多为氧自由基、单线态氧。免疫系统工作时会产生自由基，运动也会产生自由基。生物氧化是生命活动所必需的，正常情况下，氧化反应受机体的调节和控制。新陈代谢是需要氧的，大多数自由基都是细胞正常活动的副产品，好比盛宴之后厨房里势必会一片狼藉。对于自由基，首先机体自身要有处理自由基的体系，来处理这种正常水平生成的自由基。因此，我们的身体本身就具有清除多余自由基的能力，这主要是靠内源性自由基清除系统。为此，机体内要有能清除自由基的各种酶，包括超氧化物歧化酶、过氧化氢酶（CAT）、谷胱甘肽过氧化物酶等。机体内还要有能产生使单线态氧淬灭的物质，如辅酶Q10、铁卟啉和硒等，另外还包括还原态的维生素C和维生素E、还原型谷胱甘肽（GSH）、类胡萝卜素等具有抗氧化作用的物质。人体内存在的抗氧化系统是一个可与免疫系统相比拟的、具有完善和复杂功能的系统，体内产生的酶和非酶抗氧化物质在保护过氧化损伤中起着至关重要的作用。机体抗氧化系统的能力越强，就越健康。清除我们身体中自由基的第二种方式就是通过我们所吃食物中的抗氧化剂，如花青素、虾青素、茶多酚、白藜芦醇、番茄红素、皂苷、维生素C、维生素E、生物类黄酮、β-胡萝卜素和叶黄素等，都是非常好的抗氧化剂。

人体在新陈代谢过程中会产生大量的自由基。阳光辐射、环境污染、吸烟、接触有害化学物质，都会增加人体自由基的产生。除此之外，在日常生活中，汽车尾气、烟雾、加工食品、烧焦的食物、工业生产的废气等都会使人体产生大量自由基。更可怕的是，空气中的自由基会被人们无防备地吸入体内。大多数包含化工产品的日用化学品，也会含有一定量的自由基。不良的防晒霜和化妆品中的自由基会直接攻击人的皮肤，从表皮细胞中抢夺电子，使皮肤失去弹性，粗糙老化而产生皱纹。总之，空气污染，食物和饮用水里的化学物质，香烟（哪怕是二手烟），每天多喝的那一两杯酒精饮料，都会导致体内产生额外的自由基。我们无法阻止自由基的产生，但可以用抗氧化剂帮助身体清除多余的自由基。

现在的生活方式使我们比祖先产生和吸收了更多的自由基。这是因为21世纪的人类比祖辈们承受的压力要大得多，忙碌的生活方式导致我们体内产生了更高水平的自由基。当今人类自由基水平增加的另一个原因是越来越多的工业和生活污染物的产生。许多污染物在几代人以前很少存在。大量的自由基存在于不同的污染物中，污染的气体又减少了臭氧层中的臭氧含量，使我们暴露在更强的紫外线下，这又是自由基增加的另一个来源。阳光中的紫外线会在皮肤中引起高水平的自由基，有可能导致包括黑色素瘤在内的皮肤癌症的发生。强烈的太阳光会破坏大量细胞，需要抗氧化剂来进行保护。

（四）清除自由基要靠抗氧化剂帮助

自由基从产生到衰亡是电子转移的过程，损害人体健康的自由基几乎都与那些活性较强的含氧物质有关。要降低自由基的损害，就要从抗氧化、清除自由基做起。人体本身虽然具有清除多余自由基的能力，但是，随着紫外线水平和环境中污染物含量的提高，以及现代生活中越来越多的压力，我们已不能仅依靠自身产生的抗氧化物质来清除多余自由基了，因此额外补充强抗氧化剂来保持健康已被人们所关注。当身体进行剧烈运动和繁重的体力劳动时，需要燃烧更多的"燃料"来获取能量，这会产生大量的自由基，更需要补充外源性抗氧化剂，帮助清除剩余自由基。

抗氧化剂是一类能帮助捕获并中和自由基，清除自由基对人体损害的物质。抗氧化是清除细胞损伤、稳定细胞分化状态的主要因素。人体的抗氧化剂有自身合成的，也有由食物供给的。抗氧化剂可以延缓运动性疲劳的发生并加快体能恢复，年龄大的体力活动者比年轻者使用抗氧化剂效果会更好。额外补充抗氧化剂更可加强体内抗氧化作用，减少自由基的产生或加速其清除，对抗自由基的副作用，对健康十分有益。抗氧化剂在人体消化道内可防止消化道发生氧化损伤，被人体吸收后可在机体其他组织或器官内发挥作用。具有抗氧化作用的抗氧化剂可以作为保健品和治疗药品使用。抗氧化剂的作用机理包括螯合金属离子、清除自由基、淬灭单线态氧、清除氧、抑制氧化酶活性等，是阻止氧自由基不良影响的物质。另外，在食物中添加抗氧化剂还能够保护食物免受氧化损伤而变质。

（五）虾青素是强大的天然抗氧化剂

在自然界中，许多天然植物都含有在人体中能清除自由基的抗氧化剂，如多酚类物质，维生素 A、C、E，类胡萝卜素（虾青素、角黄素、叶黄素、β- 胡萝卜素等），微量元素硒、锌、铜和锰等，而且抗氧化的成分一直都在变化。第一代抗氧化剂是维生素类，如维生素 A、C、E；第二代抗氧化剂是 β- 胡萝卜素、辅酶 Q10、超氧化物歧化酶等；第三代抗氧化剂是花青素、葡萄籽、蓝莓提取物、绿茶素、硫辛酸、番茄红素类；第四代抗氧化剂主要是天然虾青素，具有超强的抗氧化能力。研究表明，从雨生红球藻中提取的虾青素的抗氧化活性是 β- 胡萝卜素的 10 倍、葡萄籽的 60 倍、硫辛酸的 75 倍、叶黄素的 200 倍、维生素 E 的 550 倍、辅酶 Q10 的 800 倍、维生素 C 的 6000 倍。虾青素在抗氧化、抗癌、预防动脉粥样硬化、降低体内炎症、增强免疫方面都有很强的作用。虾青素、部分类胡萝卜素和 α- 生育酚清除自由基的半数有效量 ED50（nmol/L）如表 1 所示。

表1 部分自由基清除剂的半数有效量ED50（nmol/L）

清除剂	虾青素	玉米黄质	角黄素	叶黄素	金枪鱼黄素	β- 胡萝卜素	α- 生育酚
ED50	200	400	450	700	780	960	2940

在天然抗氧化剂中，虾青素由于具有强大的抗氧化活性，无毒又无副作用，安全性有保证，被认为是"超级维生素 E"和"超级抗氧化剂"，被称为"红色奇迹"。值得注意的是：在某些条件下，一些抗氧化剂在低剂量使用条件下表现抗氧化作用，而在高剂量作用下却表现促氧化作用，通过在体内引起氧化而产生负面影响，如一些已知的类胡萝卜素（β-胡萝卜素、番茄红素和玉米黄质）。即使是维生素 C、维生素 E 和锌这样常见的抗氧化剂也能成为促氧化剂。而虾青素不会成为促氧化剂，这也是虾青素除抗氧化性能强大之外，明显优于其他抗氧化剂，并从抗氧化剂中脱颖而出的重要原因。

第二章

虾青素的化学结构和性质

1938 年，德国化学家理查德·库恩从龙虾体内提取了一种色素，并发现它是一种较强的天然抗氧化剂，这就是虾青素。虾青素又名虾黄素、龙虾壳色素、变胞藻黄素等。由于最早是在虾体内发现的，在活体虾中虾青素与蛋白质结合在一起，呈现出蓝色，故命名为虾青素。与蛋白质结合的虾青素在加工过程中，由于加热使蛋白质变性，会释放出虾青素而恢复原有的红色。虾青素在大多数情况下是呈鲜艳的红色或橙色的，故也有人叫它虾红素（真正的虾红素应该是虾青素分子的氧化产物，虾青素失去两个氢称为半虾红素，再失去两个氢称为虾红素）。虾青素是一种珍贵的含氧类胡萝卜素，经济价值很高。

天然虾青素主要有三种存在形式：游离态形式、酯化态形式和与蛋白质结合形式，其中游离态形式最不稳定。天然虾青素在生物体内，主要是与脂肪酸结合的酯化态形式，还可以进一步以与蛋白质结合的形式存在。现在市场上的虾青素根据生产方式不同有两种：化学合成的虾青素和天然提取的虾青素。目前，由于天然提取的虾青素收率还不够高，含量也偏低，售价偏高，化学合成的虾青素仍具有相当的竞争优势。目前市场上90%以上的虾青素还是利用石油化工产品合成的，然而合成虾青素由于存在着多种异构体，且含有一些杂质，还没有足够的人体安全性研究报道，所以合成虾青素并未被批准作为人类膳食补充剂。全反式虾青素仅被美国食品药品监督管理局（FDA）批准为可用作水产养殖的添加剂和外用品。人工合成的全反式虾青素含量为5% ～ 10%，是目前市场上鲑鱼饲料的主要来源。天然虾青素安全、效用好，可用于口服，但目前由于产量低、价格高，还不能满足普遍的市场需求。因此化学合成的虾青素和天然合成的虾青素目前在不同领域具有不同的应用空间。随着食品安全和环境保护意识的提升，以及技术的进步和天然虾青素价格的下降，天然虾青素应有更大的发展空间。

（一）虾青素广泛存在于自然界

虾青素是从藻类、真菌和浮游植物中发现的一种红色类胡萝卜素。类胡萝卜素通常具有 $C_{40}H_{56}$ 的基本骨架，由连接在一起的八个异戊二烯单元组成，其抗氧化作用也源自分子中的共轭双键。到目前为止，已经鉴定的天然类胡萝卜素超过750种。基于化学结构中是否含氧，可以把类胡萝卜素分为两类：一类是含氧的类胡萝卜素，为叶黄素类，包括叶黄素、虾青素等；另一类是不含氧的类胡萝卜素，包括β-胡萝卜素、番茄红素等。其实，无论是鸟类、甲壳动物还是鱼类等，都不能在体内合成虾青素，它们体内的虾青素都是来自食物链最底端的藻类和浮游生物。含有虾青素的鱼（如鲑鱼、鳟鱼、鲷鱼等），鸟（如火烈鸟、朱鹮、鸡和鸭等），其动物体呈现红色，都是在捕食虾、螃蟹等甲壳动物或食用含虾青素的藻类和浮游生物后，把虾青素储存在自己的皮肤和脂肪组织中的结果。鲑鱼红色的肉、天然红心鸭蛋中的红色成分、火烈鸟的红色羽毛等，都是因为含有天然虾青素而呈现红色。另外，大家熟知的观赏鱼红金龙、七彩神仙、花罗汉以及血鹦鹉等的鱼皮、鳞的鲜艳色彩也都是虾青素积累的结果。一些植物的叶、花、果也含有虾青素。酯化态虾青素一般未被氧化，鲑鱼的皮肤、鱼鳞、鱼子中都含有酯化态虾青素。虾体中也含有酯化态虾青素，尖鳍鲤含有的酯化态虾青素主要在皮肤上。游离态虾青素主要分布在动物的肌肉、血浆和内脏器官中。虾青素在动物体内聚集呈现红色最明显的例子是火烈鸟。幼年的火烈鸟是白色的，但随着年龄增长，由于吃进去的食物中含有虾青素，虾青素又在鸟体内聚集，火烈鸟的羽毛开始变红，成年后红色更加明显。

（二）虾青素的化学结构

虾青素是由碳、氢、氧三种元素组成的，分子式为 $C_{40}H_{52}O_4$，相对分子质量为 596.86，化学名称为 3,3′- 二羟基 -4,4′- 二酮基 -β,β′- 胡萝卜素，属于类胡萝卜素含氧衍生物叶黄素家族，是四萜类有机化合物。化学结构比较复杂，在分子中含十三个碳碳双键共同组成的共轭大 π 键，是自然界已知共轭双键最多的化合物。虾青素分子中间的碳氢长链赋予其疏水性。因疏水碳氢链较长，虾青素分子整体是亲油的，但由于分子两端还具有亲水的羟基而有一定的亲水性。由于虾青素分子结构中含有两个可以被酯化的羟基，故能以三种结构形式出现：羟基没被酯化的游离态、一个羟基被酯化的单酯和两个羟基都被酯化的双酯。虾青素被酯化后，亲脂性、稳定性都会增强，双酯比单酯的亲脂性更强。以南极磷虾为例，体内的虾青素主要以酯化态形式存在，其中虾青素单酯占 25% ～ 35%，虾青素双酯占 55% ～ 64%。

1. 虾青素的化学结构式

从化学结构上来讲，虾青素属于萜烯类不饱和化合物，是一种酮式类胡萝卜素的含氧衍生物，整个分子结构具有高度的对称性。虾青素的分子中间由四个异戊二烯单位以共轭双键形式连接而成，两端还各有一个异戊二烯单位组成的六元环，每个六元环上都各有一个羟基和与双键共轭的羰基，形成 α- 羟基酮结构。两个羟基连接的碳是不对称碳原子，故有两个手性中心。虾青素分子中存在的长共轭双键与不饱和酮基共轭，使虾青素具有活泼的电子效应，能提供电子，也能吸引自由基的未配对电子，极易起到清除自由基的抗氧化作用。长共轭双键和 α- 羟基酮结构是虾青素具有抗氧化等各种生物学功能的结构基础，但也使其性质不稳定。

虾青素的化学结构式如下所示：

由于虾青素的化学结构中既有双键又有手性中心，因此存在几何异构体和立体异构体。

2. 虾青素的几何异构（顺反异构）

含有双键的化合物，由于双键不能自由旋转，连接基团的排列不会由于基团的扭曲或旋转而破裂，从而产生顺反结构的几何异构体。几何异构体可用 Z、E 方法标示。如果双键连接的两个基团位于双键的同侧，在化学上称为 Z（顺式）结构；如果两个基团位于双键的不同侧，则称为 E（反式）结构。虾青素的化学结构中存在许多碳碳双键，每个碳碳双键结合的原子的排列方式理论上都可以是反式结构也可以是顺式结构，因此虾青素存在多个几何异构体（图 1）。由于反式异构体较稳定，所以双键一般常为反式。全反式构型是虾青素热力学上最稳定的结构形式，记作全 -E（All-E），是天然虾青素的主要构型。在获得外界能量（如加热等）后，全反式虾青素可发生顺反异构化，一般在 9、13、15 位置的双键出现顺式结构，这些顺式构型可单独存在也可并存。最常见的虾青素几何异构体有在第 9 个碳上有顺式结构的 9- 顺式虾青素（9Z）、在第

13 个碳上有顺式结构的 13- 顺式虾青素（13Z）和在第 15 个碳上有顺式结构的 15- 顺式虾青素（15Z），即在分子编号的 9 位、13 位和 15 位的双键为顺式结构，其他双键均为反式结构。因此虾青素可能的几何异构体有全反式结构和顺式结构，顺式结构又有 9Z，13Z，15Z，9Z、13Z，9Z、15Z，13Z、15Z，9Z、13Z、15Z 等。人体对游离态虾青素的生物利用率与其几何异构体密切相关。

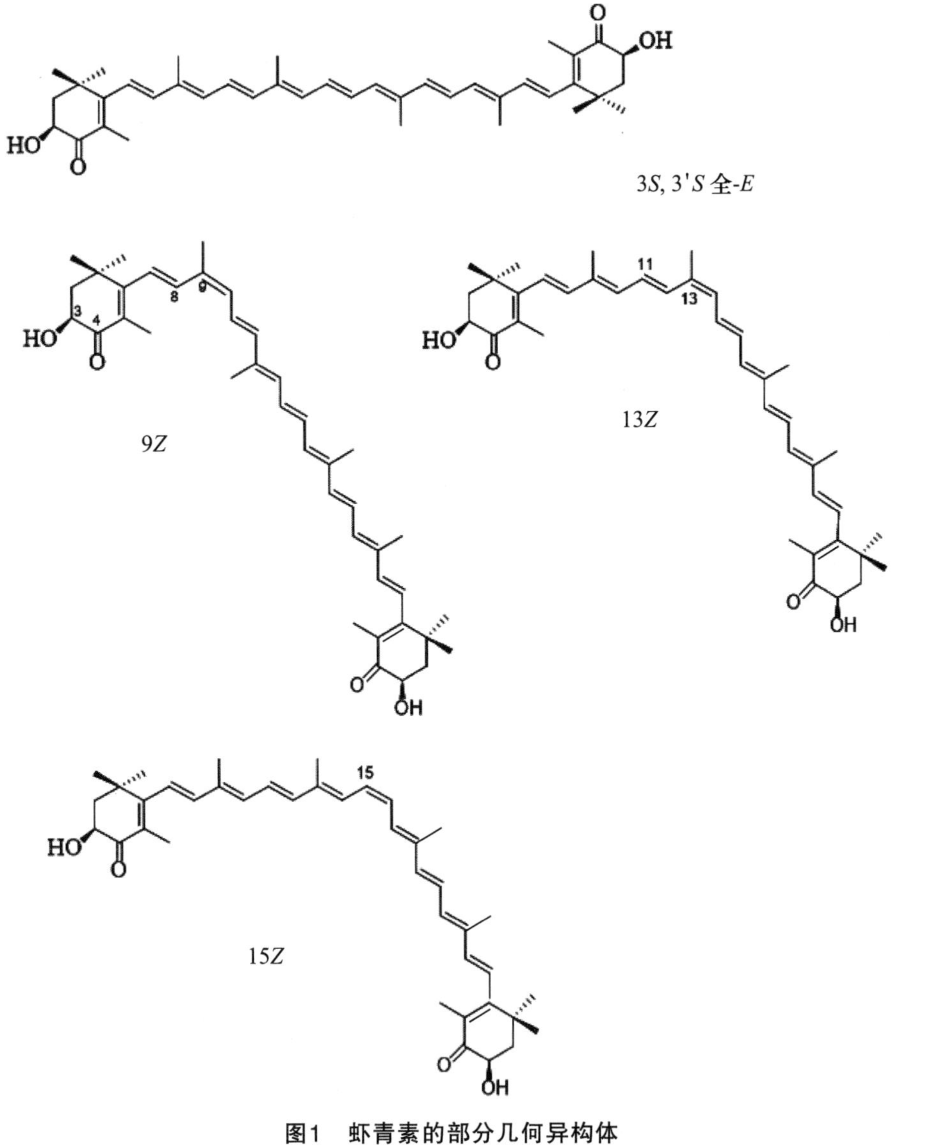

图1　虾青素的部分几何异构体

3. 虾青素的立体异构体

立体异构体又称旋光异构体，是由于分子中手性碳上连接的原子或基团在空间排布位置不同而产生的构型异构体。这种异构体结构恰好是实物与镜像的关系，如同人的左手跟右手，因此又把它们称作对映异构体或手性异构体。立体异构体的中心碳原子称为手性碳，分子有手性中心的称为手性分子。立体异构体的结构呈镜像但不能重合，则分子具有旋光性，会使偏振光旋转方向不同。使偏振光向左旋的异构体为左旋体，通常用（−）表示；使偏振光向右旋的异构体为右旋体，用（＋）表示。另外还有一种内消旋体，指的是因分子内具有对称因素而形成的不旋光性化合物。有手性中心的分子就会有立体异构体。虾青素分子结构中连接羟基的碳原子 C-3 和 C-3′ 均为不对称碳原子，故有两个手性中心。虾青素分子在没有键断裂的情况下，由于键的旋转而互相转化，会使平面偏振光旋转。

立体异构体构型的 *R-S* 命名规则和取代基团的序列规则：将不对称碳原子所连的四个基团按顺序规则定出先后次序，为 a＞b＞c＞d，将最小基团 d 放在最后面，从其前面来观察其余三个基团由大到小顺序，若由 a 到 b 到 c 为顺时针排列，则此不对称碳原子的构型为 *R*（拉丁文 rectus，"右"的意思）；反之，若为逆时针排列，则此不对称碳原子的构型为 *S*（拉丁文 sinister，"左"的意思），由此确定 *R-S* 构型。按规定，在纸面画出的结构式中，用虚线表示该键指向纸面后方，若次序最低的基团处在竖直位置，即处于后方，可直接按其余三个基团的优先次序排序，若按基团的大、中、小排序为顺时针，则为 *R* 构型，反之按大、中、小排序为逆时针，则为 *S* 构型；用楔形键表示该键指向纸面前方，则判断与上述相反，若按大、中、小排序为顺时针，则为 *S* 构型，而按大、中、小排序为逆时针，则为 *R* 构型。

位于虾青素共轭双键链两端的手性碳原子 C-3 和 C-3′ 可以分别以 *R* 构型或 *S* 构型的形式存在，本应有四个立体异构体，但由于有一对异构体 3*S*,3′*R* 和 3*R*,3′*S* 含有构造相同的手性碳原子，存在对称面而具有对称因素，一半分子的右旋作用被另一半分子的左旋作用在内部所抵消，因此是一个不旋光性化合物，为内消旋体。虾青素实际上只存在左旋、右旋和内消旋三种立体异构体：$3S,3'S$ 为左旋，$3R,3'R$ 为右旋，$3S,3'R$ 和 $3R,3'S$ 异构体为镜像（即对映体），为内消旋（图2）。

在全反式虾青素的立体异构体中，虾青素具有的三种立体异构体抗氧化性有差异：内消旋虾青素的抗氧化活性最低，左旋虾青素对于脂质过氧化的抑制作用和免疫活性较强。在生物体内，天然虾青素主要以 $3S,3'S$ 或 $3R,3'R$ 形式存在。其中雨生红球藻含有的虾青素是100%的左旋结构，具有最强的生物学活性；酵母菌源的红法夫酵母虾青素是100%的右旋结构，抗氧化活性稍差；人工合成的虾青素为左旋占25%、内消旋占50%、右旋占25%的混合物，抗氧化活性只有天然虾青素的一半。对映体之间除生理效能有强弱和与其他旋光性物质反应时表现不同的速度外，其他物化性质相同，而非对映体之间的物化性质有所不同，所以人工合成虾青素的功能与天然虾青素的功能具有很大差异。

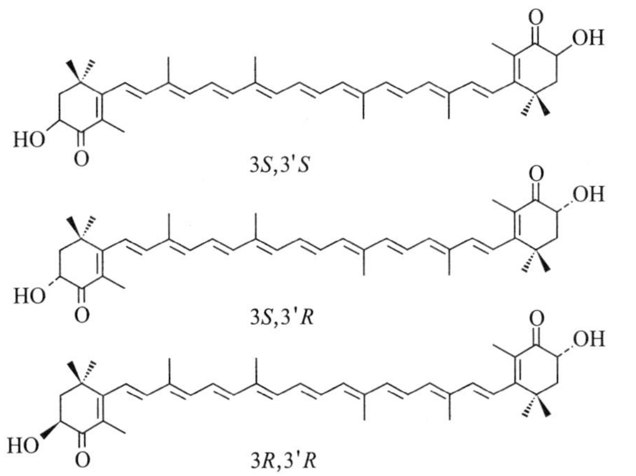

图2 虾青素的三种立体异构体

总之，虾青素可根据立体异构体、几何异构体分为多种，而这多种异构体又根据酯化与否和酯化程度可再分为多种。所有这些结构形式都在自然界中存在，如南极磷虾中虾青素的主要立体异构体为 $3R,3'R$，且被脂肪酸酯化；野生鲑鱼中虾青素的主要立体异构体为 $3S,3'S$ 且为游离态；红法夫酵母中的主要类胡萝卜素为虾青素，以酯化态的 $3R,3'R$ 为主；雨生红球藻中虾青素的立体异构体是 $3S,3'S$，单酯约占总质量的 80%，双酯约占总质量的 15%，酯化态虾青素的脂肪酸主要有油酸、反油酸、蓖麻酸和花生酸等。

4. 全反式 $3S,3'S$ 结构的虾青素性能优越

虾青素可根据立体异构体、几何异构体分为多种，不同构型的虾青素与其生物活性具有很大的关系。全反式虾青素是最为稳定的一种虾青素存在形式，合成虾青素和天然虾青素的几何异构体中大多为全反式结构，但不同的立体异构体含量相差较大。在虾青素立体异构体中，$3S,3'S$ 结构的虾青素才具有最强的抗氧化活性以及全部的生物功能，$3R,3'R$ 虾青素次之，$3S,3'R$ 虾青素则完全没有生物活性。目前性能最优的虾青素是从雨生红球藻中提取的虾青素，是全反式 $3S,3'S$ 结构。合成虾青素立体异构体的比例为（$3S,3'S$）：（$3S,3'R$）：（$3R,3'R$）=1：2：1，因此与主要含有 $3S,3'S$ 结构的天然虾青素相比，合成虾青素的生物活性和利用率都相差很多。

（三）虾青素的性质

虾青素中的"青"字源于虾青素在生物体内经常与蛋白质结合而显示的蓝紫色，蛋白质变性后虾青素则会呈现出橙红色。虾蟹体内的虾青素酯是被甲壳蓝蛋白包裹着的，使得鲜活的虾蟹呈现蓝灰色。酯化态虾青素与不同的蛋白质结合会形成复合物，产生不同的颜色。在加热、光照或者环境（高压、有机溶剂、金属离子等）刺激下，外层的甲壳蓝蛋白发生降解，虾青素部分形成自由状态，故煮熟的虾蟹变红。在鲑鱼体内，虾青素往往直接以游离态存在于肌肉组织间隙，所以新鲜鲑鱼肉呈红色。

1. 虾青素的理化性质

纯品虾青素为暗紫棕色针状结晶，具有光泽，熔点为 224℃；粉红色晶体状虾青素，熔点为 215～216℃。化合物的结构决定它的性质。由于虾青素分子内亲水基团只有两个羟基，而其他部分均为疏水基团，

因此虾青素脂溶性较强，能溶于大多数有机溶剂，是一种红色脂溶性色素。水溶性很差，又具有特殊的藻腥味。一般而言，虾青素可溶于吡啶、丙酮、二甲基亚砜、吡啶、苯、二硫化碳、氯仿、二氯甲烷等，微溶于石油醚、乙醇、甲醇、乙醚、异丙醇等。虾青素于室温下在一些溶剂中的溶解度（g/L）为：二氯甲烷，30；氯仿，10；乙腈，0.5；二甲基亚砜，0.5；丙酮，0.2。虾青素标准品的紫外最大吸收波长为 476 nm。天然虾青素在一些溶剂中的最大吸收波长（nm）为：氯仿，489；甲醇，472；丙酮，480；石油醚，472。

2. 虾青素的稳定性

在活体生物中，虾青素的稳定性受到生物自身因素的影响。酯化态虾青素是虾青素末端环状结构上的羟基与脂肪酸形成的酯，可稳定存在。水生动物皮肤和外壳上的虾青素，雨生红球藻、红法夫酵母中的虾青素都是以酯化态为主。虾青素与脂肪酸结合形成的酯比其他类胡萝卜素与脂肪酸形成的酯稳定，不易被氧化。化学合成的虾青素通常为游离态形式，稳定性不如酯化态。

虾青素对光照、氧气、强酸、热以及一些金属离子等外界因素敏感，易发生氧化、异构化以及降解。虾青素在光照或加热时，容易发生全反式虾青素向 9- 顺式或 13- 顺式异构体转变的反应。虾蟹和鲑鱼体内的虾青素几何结构都是以全反式结构为主，在蒸、煮、炸、炒等烹饪加工过程中，虾青素分子吸收能量，逐渐向顺式结构发生变化，形成 9- 顺式、13- 顺式或 13,15- 双顺式异构体。根据其种类和化学键断裂位置的不同，还可生成多种衍生物。虾青素在异构化过程中，分子会发生扭曲，形成旋转状态，而这种状态的虾青素极易与氧气反应，发生氧化降解。其氧化降解可以直接被过氧化加速，或者被脂肪酸氧化产生的自由基间接加速。虾青素分子的双键氧化会产生环氧化物、羰基化合物和未表征的低聚物，进一步氧化，最终产生短支链羰基化合物、二氧化碳和羧酸。虾青素环氧化、化学降解会出现褪色、生物活性降低的情况，甚至失去生物活性。酸浓度或碱浓度的波动也会引起虾青素的损失。碱浓度较低时虾青素还比较稳定。金属离子钠、钾、镁、钙、锌和铝等对虾青素基本没有影响，但铜离子、亚铁离子和铁离子对虾青素有明显的破坏作用。

3. 虾青素的抗氧化性

虾青素的分子中有一条十三个碳碳共轭双键的长链结构，两端各连接一个含氧的六元环（β-紫罗兰酮环）。每个β-紫罗兰酮环上都含有羟基和酮基，且羟基处于羰基的α位，形成了α-羟基酮结构。这种共轭结构显著增强了虾青素的电子效应，能向自由基提供电子，也能吸引自由基中的未配对电子，与自由基反应而清除自由基，阻止自由基引发的链式反应，从而表现出强大的抗氧化能力。与其他类胡萝卜素不同，虾青素具有"极性-非极性-极性"的线性分子结构，恰好可以跨膜镶嵌在细胞膜或者线粒体膜的脂质双分子层中。脂质双分子层也是"极性-非极性-极性"结构，使虾青素可进入膜的亲水面与疏水面之间。这种独特的分子结构还能使虾青素与细胞膜相连。虾青素的多烯链可以捕获细胞膜中的自由基，末端环可以清除细胞膜表面和细胞内部的自由基，轻易获取活性分子类物质而发挥强大的抗氧化作用，表现出比其他类胡萝卜素更好的生物活性。虾青素通过抑制多不饱和脂肪酸的氧化降解，起到保护细胞膜的抗氧化作用。体内稳定的氧受紫外线照射后会产生大量不稳定的单线态氧，虾青素能将单线态氧的多余能量吸收到共轭分子链中，导致虾青素分子断裂，是一种断链式抗氧化剂，能有效清除各类自由基，同时保护其他分子。

虾青素常见的四种几何异构体为全反式、9-顺式、13-顺式和15-顺式异构体。它们的抗氧化性能与质量浓度在一定范围内存在正相关关系。进行不同虾青素样品对DPPH自由基（1,1-二苯基-2-三硝基苯肼，是一个稳定的自由基，用于物质抗氧化能力测定）的清除率对比试验，在同等质量浓度下，测试这四种几何异构体自由基的清除率，发现9-顺式虾青素的抗氧化活性最强，具有最强的DPPH自由基清除能力。而用于物质抗氧化能力测定的ABTS自由基[2,2-联氮双（3-乙基苯并噻唑啉-6-磺酸）二铵盐]清除率对比的试验结果显示：这四种虾青素异构体的清除率均高于 40%，β- 胡萝卜素和维生素 E 的清除率仅在 30% 左右。随着虾青素质量浓度的增加，这四种不同异构体虾青素对 ABTS 自由基的清除能力都在增强，但质量浓度最高不能超过 20 mg/100 mL。一旦超过该质量浓度，9- 顺式虾青素、13- 顺式虾青素以及 15- 顺式虾青素清除自由基的能力将处于停滞状态。综合比较自由基的清除能力，同样存在 9- 顺式虾青素＞13- 顺式虾青素＞15- 顺式虾青素＞全反式虾青素＞β- 胡萝卜素＞维生素 E 的清除次序。在对二十二碳六烯酸（DHA）过氧化抑制作用的测试中，9- 顺式虾青素的抗氧化性能也显著优于 13- 顺式虾青素和全反式虾青素。虾青素分子被氧化后，失去两个氢为半虾红素，再失去两个氢为虾红素。随着降解进程的推进，虾青素的抗氧化能力会急剧降低，直至消失。虾青素在保护脂质免受光照氧化时表现出比 β- 胡萝卜素和叶黄素强很多的抗氧化能力。测定结果表明虾青素清除 DPPH 自由基、超氧阴离子自由基和羟自由基时能力最强。虾青素与其他类胡萝卜素及维生素 E 等相比，具有更强的生物活性，且属于对人体安全的物质。不同类胡萝卜素清除自由基能力依次如下：虾青素＞叶黄素＞β- 胡萝卜素＞番茄红素。虾青素是迄今为止发现的自然界中最强的抗氧化剂。

（四）虾青素的异构化和降解

虽然细胞内存在多种机制可以产生活性氧，但体内的抗氧化体系和虾青素能抑制这种由活性氧导致的氧化损伤。一些酶［如黄嘌呤氧化酶系统、还原型烟酰胺腺嘌呤二核苷酸磷酸（NADPH）和细胞色素 P-450还原酶］的存在，还可增强虾青素抑制脂质过氧化的作用。虾青素在抗氧化时自身也会发生变化，最直观的表现为色泽的变化。虾青素的多个共轭双键的长链不饱和体系及 α- 羟基酮结构使得它的性质不稳定，易于被异构化和降解。加热后，由于含有共轭双键的长链被破坏，生物活性降低，会引起虾青素吸光度变化和褪色。虾青素分子自被提取出来后就失去了细胞的保护，与环境因素直接接触会使虾青素更容易发生氧化降解而失去生物活性。酯化态虾青素长期储存会发生水解反应生成游离态虾青素，更容易发生降解反应。从雨生红球藻得来的含虾青素和类胡萝卜素的藻油若不加保护，储存30天就会几乎全部被降解。为提高虾青素的稳定性，便于储存，可加入抗氧化剂并在油中储存。

1. 光对虾青素的影响

光对虾青素的降解具有促进作用。在紫外照射、微波辐射诱导下，全反式虾青素可发生向9-顺式异构体和13-顺式异构体的转化。可见光对虾青素影响较小，可见光波段光谱的谱线朝蓝端漂移2～10 nm可以使虾青素形成顺式双键。光还可加速虾青素的氧化和分子降解断裂。光谱向紫外区漂移会出现褪色现象。在日光直射条件下，虾青素的溶液褪色迅速，大约6 h后色素损失会超过95%，而避光样品则基本没有变化。

2. 氧对虾青素的影响

氧是影响虾青素稳定性的主要因素。氧与虾青素发生的氧化反应有自动氧化、光敏氧化、化学氧化等不同类型。虾青素在有氧环境下储存，色素损失速度很快。充氮储存好于蜡封储存，采用真空包装维持低氧环境更可降低虾青素的含量损失。因此，真空保鲜在防止虾黑变和延长虾青素货架期方面有较广的应用。

3. 有机溶剂可使虾青素异构化

天然虾青素在有机溶剂中降解褪色的速率顺序为：丙酮＞氯仿＞石油醚＞色拉油。多种有机溶剂按照虾青素异构化速率由大到小的顺序为：二氯甲烷＞氯仿＞二氯甲烷与甲醇的混合物＞甲醇＞乙腈＞丙酮＞二甲基亚砜。

4. 温度对虾青素的影响

虾青素的降解速度随储存温度的升高而变快，70℃以下影响较小，70℃以上虾青素开始受到破坏。长时间温度升高或存放时间过长，对虾青素均有破坏作用。如南极磷虾随着温度的升高，体内虾青素的损失会加快，当温度在60～90℃时，降解加剧。经较高温度（120℃）干燥后的干虾在储存过程中虾青素降解少，原因是干燥在一定程度上可以减少虾青素的热降解、氧化反应以及由美拉德反应引起的褐变（美拉德反应是羰基化合物还原糖类与氨基化合物氨基酸或蛋白质间的反应，经过复杂的历程最终生成棕色甚至是黑色的大分子物质，即类黑精或称拟黑素，该反应又称羰氨反应）。

5. 酸碱性对虾青素的影响

在 pH 为 4 ～ 11 时，pH 对虾青素的影响很小，但当 pH ＜ 3 或 pH ＞ 13 时，虾青素开始降解。虾青素末端由异戊二烯单位组成的六元环，在碱性环境中会逐步脱去两个或四个氢原子生成半虾红素或虾红素，进一步氧化会发生环氧化反应和羟基化反应。在这一过程中，会涉及双键被单线态氧攻击，氧化生成正离子自由基等情况。

6. 金属离子对虾青素的影响

金属离子 Fe^{2+}、Fe^{3+}、Cu^{2+} 对虾青素有明显的破坏作用，其中 Fe^{3+} 影响最大，Cu^{2+} 次之。Mg^{2+}、K^+、Na^+ 等对虾青素提取液的稳定性影响不大。金属离子可能通过影响生物体内酶的活性来对虾青素产生影响。通过添加离子螯合剂，如乙二胺四乙酸二钠（EDTA），可掩蔽金属离子对虾青素的降解作用。当添加 0.05% 的乙二胺四乙酸二钠时，虾青素的降解率仅为不添加保护剂的 1.4%。离子螯合剂对虾青素降解的抑制作用甚至优于其他抗氧化剂。另外，Ca^{2+}、Zn^{2+} 等金属离子对虾青素有稳定作用。金属离子对虾青素的保护作用可能是通过离子竞争抑制氧化反应来达成的。

7. 抗氧化剂对虾青素的影响

食品中虾青素等类胡萝卜素降解的主要原因是由氧、光、热等引起的氧化。为提高虾青素的稳定性，延长产品保质期，通常需要在产品中加入保护剂，如添加抗氧化剂。维生素 E 是一种脂溶性维生素类抗氧化剂，对虾青素具有保护效果。添加维生素 E 可显著抑制虾青素的降解。当维生素 E 添加量为 0.05% 时，虾青素的降解率仅为不添加保护剂的 11.9%。维生素 C 也可抑制虾青素的降解，但是效果没有维生素 E 强。

对于虾青素微胶囊，添加抗氧化剂的微胶囊，虾青素稳定性明显优于未添加抗氧化剂的微胶囊。丁基羟基茴香醚（BHA）和 6- 乙氧基 -2，

2，4-三甲基-1,2-二氢化喹啉（乙氧喹）能阻止龙虾中虾青素的降解。在常用的抗氧化剂（乙二胺四乙酸二钠、丁基羟基茴香醚、维生素 E、叔丁基对苯二酚）中，叔丁基对苯二酚最有效，丁基羟基茴香醚次之。用有机溶剂将色素从虾壳废弃物中提取后，添加抗氧化剂，如丁基羟基茴香醚或维生素 E，并将其储存在聚酯包中，可大大减少储存过程中虾青素的降解。

8. 制备方法对虾青素的影响

虾青素油脂是最早出现的传统虾青素产品，也是目前使用最广泛的剂型，通常有 1%、5% 和 10% 等规格。为使用方便，通常将高浓度虾青素油脂溶解于食用油中，密封于明胶等软质囊材中形成胶囊剂，制成 10% 虾青素油脂或软胶囊等。虾青素油脂和软胶囊属于传统制剂技术，制备技术简单。

为了使虾青素不被氧化降解，生物功能达到预期，拓宽虾青素的应用范围，可采用微胶囊化等方法，如用淀粉、明胶等进行微胶囊化。以新烯基琥珀酸淀粉酯和麦芽糊精为壁材，包埋虾青素大豆油悬油液，并采用喷雾干燥法制备虾青素微胶囊，可明显减少虾青素的氧化，使虾青素的稳定性提高近 8 倍。用壳聚糖对虾青素进行微胶囊化包埋，色素稳定性会大大提高；采用共沉淀法制备虾青素的 β- 环糊精包合物，可使虾青素的稳定性提高约 20 倍。当虾青素和 β- 环糊精包合比例为 1：4 时，虾青素抵抗光和热的稳定性会有极大的提高，水溶性也会提高。经 β- 环糊精包合的虾青素对热、光、氧的稳定性可提高 7～9 倍，在温度达 100℃时还能保持较好的稳定性。因此在生产虾青素产品时，一定要注意采用好的剂型来提高产品稳定性。

9. 分散剂对虾青素的影响

虾青素是脂溶性的，通常将虾青素溶入植物油中形成油分散型制剂，可提高虾青素的稳定性。虾青素产品的稳定性通常受 pH 等因素的影响。短时间的酸性或碱性环境接触对虾青素化学稳定性影响不大，如在 1 mol/L 盐酸中放置 1 h，虾青素未发生明显的结构变化。但是在长期弱酸性条件下，虾青素化学稳定性会变差；相反，在中性和弱碱性环境中虾青素则表现得相当稳定。为此，虾青素提取物在制备过程中宜在中性或弱碱性环境中进行。比较虾青素保存在油脂和水剂中的稳定性差异可发现，分散于植物油中的虾青素在 70℃下 8 h 后的含量大于 84%。特别是在棕榈油中，即使保存在 90℃的高温下，仍有 90% 的有效成分；而在同等条件下分散于水剂中的虾青素仅有 10% 维持稳定。从虾壳中提取的虾青素，在 30℃条件下于亚麻籽油中保存，其降解率较低，同时亚麻籽油的氧化率也降低了。在亚麻籽油油剂中保存 8 周以上，虾青素无明显降解。

（五）虾青素的 H 聚集体和 J 聚集体

虾青素除了存在多种立体异构体、几何异构体外，还有不同形式的聚集体。不同的虾青素分子构型具有不同的光学特性及生理活性。了解脂溶性小分子虾青素在水合有机溶剂中聚集体的类型、结构、形成机理和影响因素，对了解虾青素的生理活性和生物利用率有重要的作用，对虾青素在食品、医药、生物学等领域中的应用也具有十分重要的意义。

疏水性的虾青素单体分子在水合溶剂中会发生分子聚集，产生两种显著不同的聚集体。一种是由虾青素单体分子以"面对面"平行的共轭链堆叠而成的卡包（card-packed）构型的 H 聚集体，最大吸收波长相对于虾青素单体发生蓝移；另一种是以松散的虾青素单体分子错位平行堆叠组成的头包尾（head-to-tail）构型的 J 聚集体，最大吸收波长相对于虾青素单体发生红移。针对这两种不同的聚集体，可以用紫外光谱对虾青素单体及其聚集体的组成、含量和结构进行分析。

将虾青素溶于水合二甲基亚砜中，发现虾青素有三种颜色的变化，会形成两种聚集体和一种单体，即黄色 H 聚集体、橘色 M 单体和粉紫色 J 聚集体。不同聚集体和单体的虾青素在 200～800 nm 紫外波长扫描下，有明显的不同特征最大吸收峰 λ_{max}。在 25℃时，虾青素与水合丙酮或甲醇溶液形成卡包构型的 H 聚集体。虾青素 H 聚集体的最大吸收峰

λ_{max} 为 375 ~ 390 nm。H 聚集体的吸收光谱在 387 nm 处显示出一个狭窄的吸收峰，而在右边则是一个 400 ~ 600 nm 的宽频带。升温至 30℃时，则形成稳定的头包尾构型的 J 聚集体。虾青素 J 聚集体的最大吸收峰为 521 ~ 533 nm，并伴随着 550 ~ 565 nm 的肩峰。虾青素 M 单体的最大吸收峰为 475 ~ 495 nm。将虾青素溶于水合二甲基亚砜溶液时，两个蓝移的 H 聚集体被分为 H1 和 H2 型，最大吸收峰 λ_{max} 分别在 386 nm 和 460 nm 处。而红移的 J 聚集体在 570 nm 处有最大吸收峰，且发现狭窄的峰是由大量分子组成的 H 聚集体，而宽频带是由小聚集体组成的。将虾青素与 1∶3 的乙醇 - 水溶液混合后，立即检测到的是 H 聚集体，其最大蓝移为 31 nm，在同样条件下 1 h 后转变为 J 聚集体。此外，在乙醇与水体积比为 1∶1 的样品中，由于没有足够的水分子参与聚集体的形成，因此没有任何聚集体。

用透射电子显微镜（TEM）可以看到在光学显微镜下无法看清的小于 0.2 μm 的超微结构。虾青素的 H 聚集体和 J 聚集体尺寸均在 100 ~ 200 nm 之间，因此透射电子显微镜能很好地展现聚集体的外观形态。虾青素在一定比例的乙醇 - 水溶液中形成的 H 聚集体和 J 聚集体是不稳定的，且难以长期储存。虾青素 J 聚集体对细胞有很强的保护作用，可使细胞的存活率明显提高。H 聚集体的清除率高于 J 聚集体或虾青素单体，推测可能是由于虾青素聚集体的分子间氢键更有助于 H 聚集体间的电子传递。用圆二色性光谱可以发现虾青素在丙酮 - 水溶液中可以形成不同类型的聚集体。当溶液中水含量较高（丙酮与水的体积比为 1∶9）时会形成 H 聚集体，而在水含量较低的溶液（丙酮与水的体积比为 3∶7）中可以形成两种不同构型的 J 聚集体，即 J1 和 J2。用红外光谱研究虾青素 - 玉米蛋白配合物和虾青素 - 玉米蛋白 - 壳寡糖配合物，可证实玉米蛋白对虾青素的包覆。在虾青素、虾青素 - 玉米蛋白配合物和虾青素 - 玉米蛋白 - 壳寡糖配合物中的 1548 cm^{-1}（C═C 的伸缩振动芳环）和 970 cm^{-1}（碳氢键中 C═C 共轭系统）处的吸收峰，在很大程度上被削弱了，这表明虾青素结构中的芳环主要是被包埋在玉米蛋白构建的纳米载体中的。用拉曼光谱法研究丙酮与水的体积比为 1∶9 的虾青素溶液发现，2 h 后会形成卡包构型的 H 聚集体，24 h 后会形成头包尾构型的 J 聚集体。拉曼光谱能有效区分虾青素聚集体的两种构型。用荧光光谱研究 H 聚集体、J 聚集体和 M 单体的光谱，可准确分辩虾青素的两种聚集体。在乙醇和水体积比为 1∶3 的溶液中形成的 J 聚集体的发射光谱与 M 单体呈现出相似的形状；在乙醇和水体积比为 1∶5 的溶液中形成的 H 聚集体的发射光谱在 540 ～ 600 nm 内最大，且与 J 聚集体相比有明显红移。

第三章

虾青素的化学合成

　　由于虾青素具有极强的抗氧化性能和众多的生理活性，消费者对虾青素的关注与需求都在不断增加。化学合成的虾青素同天然虾青素相比，在结构、生理功能、应用效果等方面都存在显著差异。化学合成虾青素存在多种异构体，但成本低、价格便宜，已经实现了工业化生产，仍然是当前市场上虾青素供应的主要来源。

（一）化学合成的虾青素为三种立体异构体的混合物

　　从化学结构来看，虾青素的羟基空间位置在手性碳上存在差异，具有左旋、内消旋、右旋三种立体异构。天然虾青素主要是 $3S,3'S$ 或 $3R,3'R$ 构型，而化学合成的虾青素为三种立体异构体的混合物，其中左旋占 25%、内消旋占 50%、右旋占 25%，抗氧化活性只有天然虾青素的一半。目前化学合成的虾青素在抗氧化性、安全性、稳定性、生物学特性等方面和天然提取的虾青素都还有不小差距。由于化学合成的虾青素在动物体内无法转变构型，美国食品药品监督管理局已明令禁止化学合成的虾青素进入食品保健品和医药领域。化学合成的虾青素主要作为工业染料、动物饲料添加剂来使用。

化学合成法制备虾青素是通过化学合成反应来获得虾青素，又分为全合成法和半合成法两种方法。完全以化工原料为原材料，通过化学合成反应来获得虾青素的方法为全合成法；利用天然存在的角黄素、叶黄素和玉米黄质等类胡萝卜素作为原料来制备虾青素的方法为半合成法。

（二）虾青素化学全合成法

化学全合成法制备的虾青素是当前市场上虾青素供应的最主要工业化来源，合成方法虽然工艺流程复杂、生产过程较长、中间过程的控制难度较大、要求严格，但合成成本低、价格便宜。

1. C9+C6→C15，2C15+C10→C40合成路线

C9+C6 → C15 表示用 9 个碳的 4,5- 二氧代异佛尔酮与 6 个碳的炔烯醇合成 15 个碳的 6- 氧代异佛尔酮。6 个碳的炔烯醇是按下述化学反应方式合成的：首先用丙酮与甲醛在弱碱性条件下发生羟醛缩合失水生成 α,β- 不饱和丁烯酮，再与乙炔发生 1,2- 亲核加成生成 6 个碳的炔叔醇，然后在硫酸作用下重排生成 6 个碳的炔烯醇。得到的 6 个碳的炔烯醇用二乙二醇单己醚保护其羟基后成为炔烯二醚，再与 9 个碳的 4,5- 二氧代异佛尔酮发生反应，生成 15 个碳的 6- 氧代异佛尔酮衍生物，进一步制成 6- 氧代异佛尔酮三苯基季磷盐溴化物，完成 C9+C6 → C15 反应。最后在强碱作用下进行 2C15+C10 → C40 的反应，即两个 15 个碳的 6- 氧代异佛尔酮三苯基季磷盐溴化物加上一个 10 个碳的二醛发生双边的维蒂希反应（Wittig 反应）合成 40 个碳的虾青素。全部反应如下：

另一条合成路线与上述路线大同小异，最主要的区别在于合成中间体 6 个碳的炔烯醇并不先经过酸化重排，而是先将羟基进行保护，再与 6- 氧代异佛尔酮发生一系列转化和重排，生成 6- 氧代异佛尔酮三苯基季磷盐溴化物。最后两个 15 个碳的 6- 氧代异佛尔酮三苯基季磷盐溴化物加上一个 10 个碳的二醛发生双边的维蒂希反应合成 40 个碳的目标产物——虾青素。全部反应如下：

2. C13+C2→C15，2C15+C10→C40合成路线

以 α- 紫罗兰酮（13 个碳）为原料，经过间氯过氧苯甲酸（MCPBA）处理使环上的双键环氧化，水解生成环上的羟基，再与 2 个碳的格氏试剂氯乙烯镁反应生成 15 个碳的化合物（C13+C2 → C15），将环上的羟基氧化成酮。用三甲基氯硅烷（TMCS）保护 2 个羟基，用常用氧化剂——间氯过氧苯甲酸对双键环氧化，水解生成羟基。在氢溴酸作用下酸化重排，生成溴化物，与三苯基膦作用生成下步反应所需要的 15 个碳的 6- 氧代异佛尔酮三苯基季鏻盐溴化物。2 个 15 碳 6- 氧代异佛尔酮三苯基季鏻盐溴化物最后与 10 个碳的二醛进行双边的维蒂希反应生成虾青素。此路线的独特之处在于采用一种新的方法合成关键中间体 C15 化合物。该方法的起始原料易得、反应的选择性高、总收率高。维蒂希反应是虾青素的全合成路线特征反应。此类合成路线具有工艺简单、成本低的优点。全部反应如下：

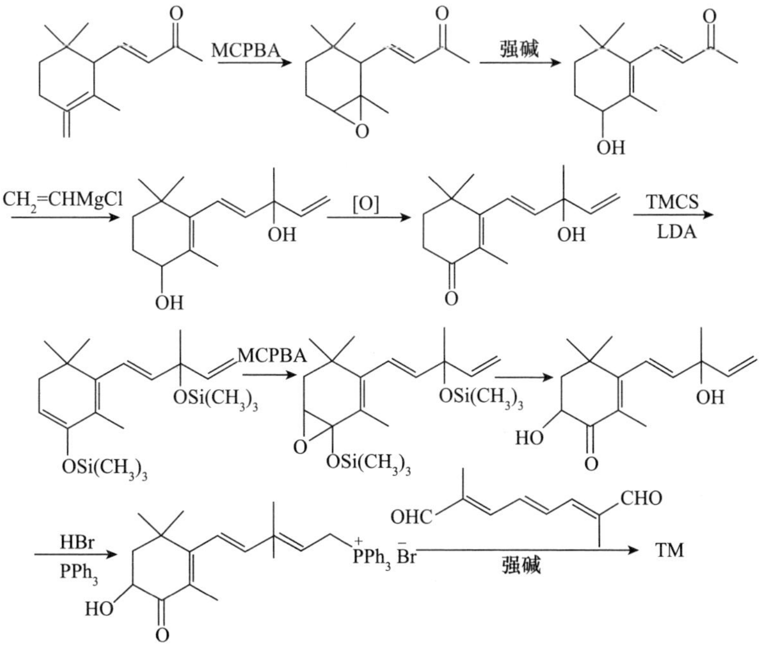

3. C20+2C10合成路线

该路线利用了 α,β- 不饱和烯醇醚与二十碳双缩醛发生缩合、碱化来形成虾青素。

4.二甲基虾青素转化路线

二甲基虾青素转化路线以 β- 紫罗兰酮为原料，先与 N- 溴代琥珀酰亚胺（NBS）发生烯丙位的溴代，再通过一系列的中间转化过程生成最重要的合成中间体十九碳醛，后者与乙炔基格氏试剂进行双向羰基亲核加成生成虾青素的碳链骨架，然后经过中间转化、氧化，还原生成二甲基虾青素，最后水解转化生成虾青素。

（三）虾青素化学半合成法

虾青素化学半合成法是利用天然存在的角黄素、叶黄素和玉米黄质等类胡萝卜素作为原料来制备虾青素的方法。其中经典的方法是以叶黄素为起始原料合成虾青素。与全合成法相比，半合成法合成的虾青素生物活性高，但产量低，实现规模化生产困难。

1.角黄素合成路线

该路线是以角黄素为原料，经过碱化、硅醚化、环氧化、水解等过程合成虾青素，有路线短、收率高（约60%）的特点。但是角黄素的成本高，而且生产过程中有一定的危险性，难以达到大规模工业化生产的要求。角黄素合成虾青素的路线如下：

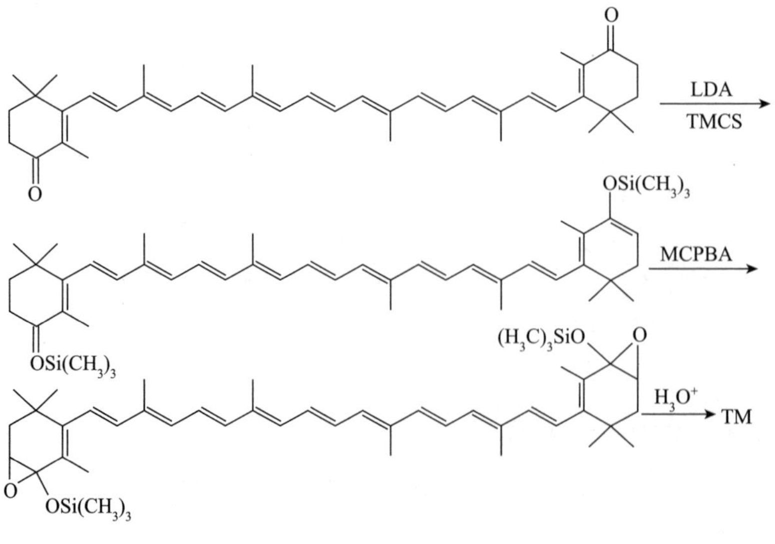

2. 叶黄素转化路线

该路线是以叶黄素为起始原料，在碱的催化下发生异构化反应生成玉米黄质。具体过程为使用 1,2- 丙二醇为溶剂，氢氧化钾作为催化剂，在 110℃条件下反应 168 h。生成的玉米黄质在碘和溴酸钠的作用下直接被氧化为虾青素。

第四章

天然虾青素

生物合成的天然虾青素作为一种具有特殊生理功效的物质，其抗氧化作用和着色作用在食品、药品、饲料以及化妆品行业有着广阔的应用前景。天然虾青素对身体有益而无害，人们实际上已经吃了天然虾青素数千年，至今也没有发现有副作用。虾青素让很多动物带有漂亮的红色，如龙虾、磷虾、螃蟹等。鲑鱼肉的红色成分就是天然虾青素，鸭蛋黄的红色成分、虾蟹壳的红色成分也都是天然虾青素。体内虾青素浓度最高的动物是鲑鱼，集中在它们的肌肉中，这使鲑鱼具有很强的忍耐力，能在河中逆流溯源千里来繁殖后代。由于化学合成虾青素的应用安全性、稳定性、着色性和功能都不如天然虾青素，抗氧化活性也仅为天然虾青素的一半，因此，天然虾青素的高效提取仍是虾青素产业发展的重点。

天然虾青素作为天然色素也有很高的生物活性。目前已知具有从头合成虾青素能力的自然界生物仅限微藻、酵母、几类细菌和特定种类的植物。要使天然虾青素规模化生产、更具成本竞争力，必须重视获得虾青素高产微生物菌株以及虾青素的提取加工和纯化等技术，研究更好的工程设计和创新方式。通过合成生物学、代谢工程、发酵工程等手段，精确调控植物或微生物虾青素的生物合成，是实现天然虾青素大规模工业化生产的有效途径。

天然虾青素最初只存在于微藻和浮游植物中，但继而会以食物链的途径存在于鲑鱼和龙虾、对虾等甲壳类动物中。红色或粉红色的海洋动物通常都含有天然虾青素，但目前能用于提取天然虾青素的生物来源还只有三种，分别为水产品中的虾蟹等甲壳类的壳、酵母中的红法夫酵母和微藻中的雨生红球藻。虾青素的三种来源中最好的还是雨生红球藻，它是自然界中合成和积累虾青素效率最高的生物，而且含有的虾青素是活性最高的 $3S,3'S$ 异构体。目前天然虾青素主要是从雨生红球藻中提取的。另外两种天然虾青素来源，虾蟹等甲壳类动物的壳和红法夫酵母，虾青素的含量很低，而且红法夫酵母含有的虾青素为 $3R,3'R$ 异构体，在水产养殖中不易被鱼类吸收。天然虾青素主要以虾青素单酯、虾青素双酯和游离态虾青素的形式存在，许多还与蛋白质相结合。虾青素双酯比游离态虾青素和虾青素单酯具有更强的亲脂性，更容易在肠道中被吸收，生物利用率更高。试验表明：由雨生红球藻得来的虾青素萃取物可以穿过机体细胞屏障，直接清除细胞内的氧自由基，增强细胞再生能力，维持机体机能平衡并减少衰老细胞的堆积，由内而外地保护细胞和 DNA 的健康。

（一）从虾蟹等甲壳类的废弃物中提取虾青素

鲑鱼肉中虾青素的浓度范围很大，可为 $1 \sim 58$ μg/g。大西洋鲑鱼体内虾青素平均浓度为 5.3 μg/g，红鲑体内虾青素平均浓度为 40.4 μg/g，所有鲑鱼物种体内虾青素的平均值为 13.2 μg/g。虽然在鲑鱼中存在着最高浓度的天然虾青素，但从物种来源和经济角度来考虑，还没有把鲑鱼作为提取天然虾青素的工业化来源。目前从水产品中提取虾青素还主要是从虾蟹等甲壳类，如南极磷虾的废弃壳中提取虾青素。这是因为每年有上百万吨水产品废弃物产生，利用水产品废弃物开发高产值的虾青素产品将有利于海洋养殖业的可持续发展，发展循环经济。虽然水产品废弃物中虾青素含量较低，提取费用相对较高，但从虾蟹等甲壳类的废弃物中提取虾青素在创造经济收益的同时，还能够降低生产加工废水的色度、减少污染、减轻环境负担。现在的问题是，为了更好地利用这些废弃物来提取虾青素，如何不断研究改进和开发新的高效提取和提纯方法。

我国沿海水产资源丰富，虾蟹加工企业的甲壳类废弃物很多，从这些水产加工的废弃物中提取回收虾青素，是目前生产天然虾青素的主要途径之一。通过综合运用酶解法和酸碱法提取虾蟹壳中的虾青素，既能增加经济效益，又可以减少环境污染，实现了虾蟹类副产品的低碳高效利用。

天然虾青素主要有三种存在形式：蛋白质结合形式、酯化态形式和游离态形式。虾青素存在形式不同，相应的提取方法也不同。传统的从水产品废弃物虾蟹壳中提取虾青素的方法有碱提法、油溶出法、有机溶剂萃取法、单罐多次重复萃取法和索氏提取法等。这些传统的方法存在一定的缺陷，比如收率低、提取溶剂有残留等，使虾青素的提取方法有一定的局限性。随着节能减排、循环经济的发展，绿色环保成为科学研究的重点方向。在科研人员的努力下，又增添了超临界二氧化碳（CO_2）萃取法、酶提取法和复合工艺提取法。如利用超临界 CO_2 萃取技术从虾蟹壳中提取虾青素，与传统工艺相比，最大的优点就是不需要后续对萃取溶剂进行分离。因为 CO_2 在常温常压下是一种气体。在产品提取方面具有纯度高、溶剂残留少、无毒副作用等优点。

1. 碱提法

碱提法是用酸将水产品加工废弃物甲壳中的碳酸钙溶解，用碱（$NaOH+Na_2CO_3$）使与蛋白质结合的虾青素分离，再将其中的蛋白质溶出后，提取虾青素。从甲壳中提取虾青素可用低温稀碱浸提，最佳的提取条件为固液比 1∶4（$m∶V$），NaOH 浓度为 0.5 mol/L，提取液温度为 50℃。该条件下虾青素的收率为 9.31%。但碱提法需消耗大量的碱，还要再用酸中和，其废液对环境污染严重，而且虾青素在碱性环境、50℃温度下处理时，与虾青素结合的蛋白质会分解，使虾青素与蛋白质分离，被氧化降解成鲜红色的虾红素。因此碱提法所得到的不是虾青素而是虾青素的降解产物——虾红素。碱提法成本低、时间短、纯度高，但废液严重污染环境。为使提取后的废液对环境的危害程度降低，可以与酶提取法一样只用作提取虾青素的前处理方法。

2. 油溶出法

虾青素具有良好的脂溶性，在油中也有较好的热稳定性，可以用油溶的方式进行提取，然后再纯化。使用油溶出法，安全性好并且整个过程污染少。但由于油的沸点很高，得到的虾青素提取物不易与高沸点的油分离，提取后含虾青素的油也不易浓缩，故产品浓度不高。若要进一步分离纯化，需采用高真空的分子蒸馏等工艺，分离成本较高，因此应用范围受限。油溶出法所用油脂主要为食用油，最常见的有植物油和鱼油。植物油中葵花籽油的收率最高。其他常见的溶剂还有大豆油、花生油、棕榈油等。油提取温度一般为 60～90℃，最好控制在 80℃以下，因为较高的温度会影响虾青素的稳定性。不同种类的油对甲壳中虾青素的收率也不同。取甲壳与油按 1∶2 混合，70℃水浴加热 2 h，发现葵花籽油提取的虾青素产量为 26.3 μg/g，高于花生油、大豆油等其他几种油提取的虾青素产量。用亚麻籽油作为提取剂，每 100 g 甲壳虾青素产量可达 4.83 mg，也较高。在用食用油提取虾青素时，除油的种类外，油料比也直接影响虾青素的收率。油料比在 1∶（1～10）区间内提取时，收率随油量增加而增加；但油料比增至 1∶1 后，则开始下降。

3. 有机溶剂萃取法

有机溶剂萃取法因具有简便、制作成本低等优点而被广泛采用。目前，有机溶剂萃取法是虾青素提取的主要方法，其优点在于提取温度较低，利于虾青素稳定，收率较高。虾青素为脂溶性色素，溶剂的选择既要考虑虾青素的溶解度，又要考虑溶剂的极性和沸点。为便于分离，一般选择沸点低的萃取剂提取，提取液经蒸发后即获得高浓度虾青素油，蒸出的溶剂可回收循环利用。该方法是将预处理后的原料浸泡在合适的有机溶剂中，振荡提取，使得细胞内容物转移到溶剂中。常用的有机溶剂主要有甲醇、乙醇、丙酮、异丙醇、二氯甲烷、氯仿、正己烷、二甲基亚砜等及这些溶剂的组合。不同溶剂提取效果不同，提取的色素具体成分也有差异。对于不同的原材料，最适的提取剂也不同。有机溶剂萃取法不足之处在于有些溶剂具有毒性，存在一定的安全隐患。如虽然丙酮提取虾青素的效果最佳，但是丙酮有一定的毒性，使得虾青素提取物存在溶剂残留风险，会对人体健康造成威胁。有机溶剂直接萃取耗时长，需要辅助其他技术，常与超声波萃取、超高压萃取、微波萃取等方法联用以提高虾青素收率。

（1）乙醇提取虾青素。目前多选用乙醇作为甲壳中提取虾青素的提取剂。提取流程如下：称取甲壳粉末，加入一定量的乙醇溶液，采用回流提取，料液比 1∶39.3（g/mL），提取温度最好控制在 60℃左右，提取时间 300 min。提取方法可分为单罐多次重复萃取法和索氏提取法。单罐多次重复萃取是将试样放入匀浆器中提取。经过一定时间，溶剂中的虾青素浓度达到平衡后，将萃取液放出，再加新溶剂进行下一次萃取，重复多次直到原料中虾青素完全被提取。索氏提取法是改良的单罐多次重复萃取，其优点是不断用新鲜的溶剂进行提取，萃取剂和原料始终保持最大的浓度差，加快了萃取速度，提高了收率，最后得到的萃取液浓度较高。然后在 5000 r/min 的条件下离心萃取液 10 min，取上清液加入石英比色皿（2/3 体积）中进行比色。在虾青素的最大吸收波长处，采用紫外 - 可见光分光光度法测定吸光度，然后计算虾青素的收率。得到的虾青素理论产量应为 16 μg/g，而试验条件下实得的虾青素产量为 15.2 μg/g。影响虾青素产量的提取因素依次为：乙醇溶液体积分数＞提取时间＞料液比。

（2）混合溶剂提取虾青素。选择不同极性的萃取剂进行复配的混合溶剂浸提比单一溶剂浸提收率高，是提高产量的一种方法。用混合溶剂提取时发现，混合溶剂为异丙醇和正己烷（1∶1）的收率最高。用异丙醇与正己烷（体积比为 50∶50）混合溶剂从甲壳中提取虾青素，产量为 43.9 μg/g，比单独用异丙醇（产量为 40.8 μg/g）和正己烷（产量为 40.6 μg/g）的产量高。这表明混合溶剂能起到比单一溶剂更好的效果，并且可以弥补单一溶剂提取成分有差异的问题。也可以用丙醇、正己烷、异丙醇三种溶剂混合提取虾青素，得到虾青素提取物的浓度也较高。

（3）负压空化法提取虾青素。甲壳中虾青素的工业化生产提取方法还有负压空化法。负压空化提取技术是利用负压空化气泡产生强烈的空化效应和机械振动，造成样品颗粒细胞快速破裂，加速胞内物质向介质释放、扩散和溶解，促进提取过程。提取剂使用 80% 的乙醇溶液，负压空化提取时间为 35 min。

（4）微波法提取虾青素。从废弃甲壳中提取虾青素，可用二氯甲烷为提取液，在微波处理下，于 33℃条件下提取 10 min。滤液提纯精制后，可得到纯度为 90.36% 的虾青素，收率为 3.92%。

（5）酶解后有机溶剂提取虾青素。以酶解后的南极磷虾虾壳残渣或沉淀为原料，用不同有机溶剂对总类胡萝卜素进行提取。结果表明，南极磷虾虾壳残渣的最佳提取溶剂为丙酮，优化条件下总类胡萝卜素收率为 15.6%；南极磷虾沉淀的最佳提取溶剂为乙醇，最佳提取条件下总类胡萝卜素收率为 73.7%。

（6）离子液体 - 盐双水相萃取虾青素。双水相萃取是通过双水相的成相现象及物质在两相间的分配系数不同而进行分离的技术。传统的双水相萃取存在高黏度阻碍传质、极性范围窄、选择性受限等问题，而离子液体 - 盐双水相体系能弥补上述一些不足。离子液体的结构会影响虾青素的收率。采用 6 种不同离子液体与磷酸钾组成的离子液体 - 盐双水相体系进行提取，按离子液体∶磷酸钾∶水为 5∶3∶12 的比例制成三元体系后，与虾废弃物以 20∶1（mL/g）进行混合搅拌，再于 35℃下平衡 12 h 后，取含虾青素的离子液体层加入超纯水沉淀虾青素。试验结果显示辛基三丁基溴化磷与磷酸钾的组合产量最高，为 30.51 μg/g。首先辛基三丁基溴化磷有最小的水合度和最低的氢键接受强度，所以对磷酸钾双水相的耐受性最强；其次辛基三丁基溴化磷具有相转移的能力，可增加亲脂性虾青素在水中的溶解度。温度升高会使离子液体的黏度降低，因此也能提高虾青素的收率。将双水相萃取提取的虾青素与丙酮提取的虾青素经扫描电镜观察微观结构后发现双水相萃取损失更小，虾青素的质量更高。该法优点是环保、能耗较低且对设备要求不高，提取条件也较温和，利于虾青素的稳定。但该法还需进一步探究，如蛋白质和矿物质对离子液体中虾青素提取的影响，使用过的离子液体如何除杂以延长使用期限等。

另外，还有将碱提法和有机溶剂萃取法结合的复合工艺提取方法。粗提液浓度、皂化温度和碱浓度对游离态虾青素产量都有影响。在合适的皂化条件和优化条件下，游离态虾青素产量可达 55.75 μg/mL。

4. 超临界CO_2萃取法

超临界流体萃取是利用超临界流体对虾青素等物质具有特殊溶解作用，再结合压力和温度对超临界流体溶解能力的影响而进行的。在超临界、高压状态下，将超临界流体与待分离的固体或液体混合物接触，调节系统的操作压力和温度，使其有选择性地把极性大小、沸点高低和分子量大小不同的成分依次萃取出来。随后通过降压或升温的方法使超临界流体变成普通气体，被萃取物质则完全或基本析出，从而达到分离提纯的目的。超临界流体萃取提取的产品具有纯度高、溶剂残留少、无毒副作用等优点。与其他方法比较，该法可以避免虾青素的降解，得到高品质的产品，又可以有效提取虾青素。超临界CO_2萃取法避免了萃取后溶剂分离的问题。同时由于CO_2具有低黏度、高扩散系数等优异特性，能更好地从固体样品中进行提取。整个过程在较低温度下进行，能有效防止虾青素的降解损失。在不同压力和温度条件下，超临界CO_2与正己烷萃取虾青素收率会有差异。虽然超临界CO_2萃取的虾青素产量略低，但不存在正己烷后续回收和回收不彻底造成危害的问题，能简化生产步骤。若以 10% 添加量的乙醇作助溶剂，能提高超临界 CO_2 萃取甲壳中虾青素的收率。而 CO_2 和乙醇又具有无毒性和环境友好的特点，符合绿色发展的趋势。采用超临界 CO_2 萃取的方法可有效保证虾青素的稳定性，或可成为未来提取虾青素的优选方法。但超临界 CO_2 萃取法相比普通的有机溶剂萃取法需要更高端且耐高压的设备，设备前期投资大，生产技术要求高。

　　采用超临界 CO_2 萃取时，先将收集的虾蟹壳洗净烘干，破碎成 $1 \sim 2$ cm 粒径的碎块，再将虾蟹壳碎块送至轮碾机中，碾碎成粒径为 $5 \sim 8$ mm 的虾蟹壳粉末。虾蟹壳粉末与冰醋酸混合均匀，在 $-4 \sim 0℃$ 的温度下平衡 $10 \sim 20$ min，然后向混合液中加入去离子水，置于匀浆机中匀浆 $5 \sim 10$ min。将所得的匀浆液浓缩、干燥成粉末后装入超临界萃取装置中，分离釜 I 的温度为 $30 \sim 40℃$、压力为 $5 \sim 8$ MPa，分离釜 II 的温度为 $30 \sim 40℃$、压力为 $20 \sim 25$ MPa，CO_2 流速为 $10 \sim 15$ L/h，萃取时间为 $0.5 \sim 1$ h，萃取结束后得虾青素萃取物。虾青素的产量为 920 μg/g。通过超临界 CO_2 萃取技术从虾头废弃物中提取虾油，最佳萃取参数为萃取温度 39.93℃，萃取压力 40.40 MPa，CO_2 流速 1.16 L/min。此方法所得虾青素产量可达 796.3 μg/g。超临界 CO_2 萃取法可与有机溶剂萃取法相结合来提取虾青素。使用超临界 CO_2 萃取从磷虾油中提取虾青素时可用乙醇做共溶萃取剂，压力为 31.5 MPa，温度为 60℃时，虾青素产量可达 207.6 μg/g。使用超临界 CO_2 和正己烷萃取，压力为 25 MPa，温度为 45℃时，提取时间为 2.5 h。有试验报道，采用超临界 CO_2 萃取南美白对虾虾头废弃物中的虾青素，在萃取压力为 400 Pa，萃取温度为 40℃，CO_2 流速为 1.2 L/min 时，虾青素产量为 789.61 μg/g。采用超临界 CO_2 萃取南极磷虾虾青素时，用高效液相色谱法测定样品中虾青素的含量，在萃取压力为 35 MPa，萃取温度为 60℃，夹带溶剂用量为 1 mL/g，萃取时间为 3.5 h 的条件下，虾青素的收率为（84.41±0.57）%。

5. 酶提取法

在虾壳废弃物添加蛋白酶后的水提物中，可得到大部分稳定的以类胡萝卜素蛋白质形式存在的虾青素。酶提取法是一种环境友好的提取工艺，能耗小、时间短，能防止溶剂造成化学污染。酶提取法常用作前处理方法破坏虾青素与蛋白质的结合，可利用细胞内本身存在的内源酶辅助提取虾青素，提高虾青素的收率；也可与其他方法联合使用同时提取甲壳素和虾青素。虽然酶提取法提取虾青素的收率较高，但由于产品中存在蛋白酶，当蛋白质被水解下来后，会使得类胡萝卜素对蛋白质的防护值降低。

酶提取法使用的酶有多种，采用酸性蛋白酶和中性蛋白酶对蛋白质进行酶解可分离获得虾青素。在 pH 4.0、温度 50℃时，酶解 1.5 h，虾青素产量达 32.16 μg/g，比超声波提取时提高 28%。以冷冻南极磷虾和大豆油为原料，利用细胞内本身存在的内源酶的降解作用提取虾青素，获得的虾油中虾青素产量为 44.24 μg/g。用酶提取法时，首先选用较好的絮凝剂将蛋白质和虾青素回收絮凝，然后可用酶进行水解。在用大豆油从龙虾废弃物中提取虾青素时，添加蛋白酶能提高 58% 的收率。当用木瓜蛋白酶水解克氏原螯虾壳提取虾青素时，在 50.5℃、pH 5.85 的条件下水解 63 min，酶与底物比为 2522 U/g（U 是酶活力单位）时，虾青素浓度可达 13.06 g/dL，比碱提法的收率有明显提高。利用木瓜蛋白酶对大明虾进行虾青素提取的研究结果表明，在酶添加量为 1.30%，温度为 44.5℃，pH 为 5.51 的条件下酶解 92.6 min，得到含虾青素的类胡萝卜素产量为 63.059 μg/g，比直接用丙酮进行提取的产量提高了 19.9%。该方法不仅提高了类胡萝卜素的产量，还可以增强加工过程中的安全性，这是因为丙酮属于易燃品且长期接触对人体健康有害。

酶提取法也可与其他方法联合使用提取甲壳素和虾青素。先在龙虾废弃物中添加 0.5% 的木瓜蛋白酶，控制固液比为 1∶10，38℃条件下酶解 24 h 后离心分离，再用甲醇提取，最终虾青素的产量为 54.5 μg/g。该法将酶提取法与甲醇溶剂法结合，相比单独使用某一方法的虾青素收率高，而且可节约单独使用酶提取法的成本和单独使用甲醇的用量。此外，采用双酶复合酶解法也能够显著提高南极磷虾虾青素的收率。以冷冻南极磷虾为原料，以虾青素收率为指标，采用碱性蛋白酶和木瓜蛋白酶复合法进行酶解，以无水乙醇为提取剂，最佳提取条件下虾青素的收率可达（90.42±0.39）%。

6. 纯化

通过皂化反应将虾青素酯转化为游离态虾青素，是分离纯化虾青素、提高虾青素产品最终收率的重要手段。为了减少皂化过程中虾青素的降解损失，已有报道称最适皂化条件为：粗提液浓度 0.1 g/mL、皂化温度 5℃、碱浓度 0.02 mol/L、皂化时间 12 h。在此条件下游离态虾青素产量为 55.75 μg/mL。针对南极磷虾提取虾青素的皂化条件为：浓度为 0.01 mol/L 的 NaOH-乙醇溶液、皂化时间 18 h。常用的虾青素纯化方法主要有：薄层层析法、柱层析法和高效液相色谱法等。

（1）薄层层析法。虾青素提取后的纯化在实验室可以采用层析法进行。薄层层析法是以涂布于支持板上的支持物作为固定相，以合适的溶剂为流动相，定性、定量混合样品的一种层析分离技术。在虾青素分离过程中，通常以硅胶和氧化铝作为固定相，以石油醚、正己烷及丙酮等作为展开剂，实现游离态虾青素和虾青素单酯、虾青素双酯的快速分离。当以体积比为 4∶1∶0.1 的正己烷、丙酮、乙酸作为展开剂时，分离获得的虾青素双酯、单酯及游离态虾青素比移值（R_f）分别为：0.86、0.70、0.47。

（2）柱层析法。柱层析技术又称为柱色谱技术，根据样品混合物中各组分在固定相和流动相中分配系数的不同，经过多次反复操作实现不同组分的分离。虾青素属于弱极性化合物，与脂肪酸结合的虾青素酯极性更小。因此，可采用硅胶为固定相，以石油醚-乙酸乙酯或石油醚-丙酮作为洗脱溶剂，使极性相差较大的游离态虾青素和虾青素单酯、虾青素双酯分离。利用硅胶柱层析，以石油醚-乙酸乙酯为洗脱剂分离南极磷虾虾青素单酯，收率为 38.14%。大孔吸附树脂 AB-8 对虾青素的最大吸附量为 476.2 μg/g（干树脂）。乙酸乙酯对虾青素的解吸率为98.7%，动态吸附条件为虾青素上样浓度 2 μg/mL、上柱速率 4 BV/h。优化条件下，皂化液中的虾青素收率为 78.9%，纯度为 92.4%。采用硅胶柱进一步纯化虾青素，收率为 92.9%，纯度为 97.1%。

（3）高效液相色谱法。反相高效液相色谱法（RP-HPLC）已经成为虾青素类化合物和类胡萝卜素分离必须使用的方法之一。目前，常以 C18 柱或 C30 柱作为固定相。由于虾青素和虾青素酯是一系列极性相近的疏水性化合物，因此，疏水性较强的 C30 柱能与虾青素类化合物有较强的相互作用，分离虾青素酯效果更好。流动相常为甲醇 - 乙腈体系、甲醇 - 叔丁基甲醚体系等，需要时常加少量的酸或碱改善峰的对称性。

采用高效液相薄层色谱法可获得纯度较高的虾青素。但该方法只能分别制备虾青素单酯或虾青素双酯，无法一次完成不同形态虾青素的分离。

（二）从南极磷虾中提取虾青素

南极海域特殊的地理位置、气候环境赋予了南极磷虾独特的功能特性。南极磷虾是南极海域可大规模开发利用的重要生物资源之一，富含虾青素等活性物质。南极磷虾虾青素包括游离态虾青素、虾青素单酯、虾青素双酯三种形式，主要以 $3R,3'R$ 的形式存在。南极磷虾虾青素双酯和单酯中 $3R,3'R$ 所占比例大于 70%，$3S,3'S$ 的比例较低。南极磷虾虾青素的抗氧化效果优于合成虾青素，其虾青素的产量为 30 ~ 40 μg/g。南极磷虾虾青素酯的脂肪酸主要以 EPA、DHA 和油酸为主，含有少量的软脂酸和肉豆蔻酸。南极磷虾虾青素纯品是暗红棕色粉末，熔点为215 ~ 216℃，不溶于水，易溶于二氯甲烷、氯仿、二甲基亚砜、丙酮、苯、吡啶等有机溶剂，但在不同有机溶剂中的溶解度有所差异。南极磷虾无须人工养殖，巨大而相对稳定的生物资源量使其成为天然虾青素开发利用的良好选择。南极磷虾可以作为稳定的虾青素原料来源。

（三）从红法夫酵母中提取虾青素

20 世纪 70 年代科学家首次在红法夫酵母（*Phaffia rhodozyma*）中发现了虾青素。含有虾青素的酵母有红法夫酵母、粘红酵母、深红酵母以及海洋红酵母等，但目前只有红法夫酵母有规模化工业生产，被认为是除雨生红球藻外最为合适的虾青素来源。红法夫酵母属于担子菌纲红法夫酵母属，是兼性嗜冷的低温型酵母。其生物合成的虾青素是红法夫酵母次级代谢合成的主要类胡萝卜素。红法夫酵母细胞中不但含有丰富的蛋白质、脂质、维生素，而且还含有大量的不饱和脂肪酸及多种虾青素的前体。提取虾青素等物质后，菌体的单细胞蛋白质还可作为饵料、饲料添加剂等。野生红法夫酵母含有十多种类胡萝卜素，虾青素是其中最多的组分，占类胡萝卜素总量的 40% ～ 95%。在虾青素异构体中，红法夫酵母中的虾青素 98.5% 都是 $3R,3'R$ 全反式结构。但在红法夫酵母分离纯化时，由于虾青素在提纯过程中容易受到光、热等的影响发生异构化，故很难得到 $3R,3'R$ 全反式结构的虾青素纯品。天然的红法夫酵母中虾青素平均含量为 0.40%，是甲壳类动物虾青素含量的 5 ～ 50 倍，但只是雨生红球藻的 1% ～ 10%。红法夫酵母虾青素现已被广泛应用于水产饲料行业。由红法夫酵母生产的虾青素已于 2000 年获得美国食品药品监督管理局批准，可用作食品添加剂。

1. 红法夫酵母生产虾青素

红法夫酵母是在美国阿拉斯加州和日本北海道一带山区落叶松的渗出液中分离得到的真菌，是最早应用于生产虾青素的菌种。红法夫酵母对生长环境要求简单，发酵周期短，能利用多种碳源，只需要合适的碳氮比就能快速生长。在发酵罐中可实现快速、高密度培养，已成为工业化生产虾青素的优良菌种。野生红法夫酵母体内约含 200 ～ 500 μg/g 的类胡萝卜素，其中 90% 为虾青素，与藻类、甲壳类相比，具有高细胞密度生产的优点。虽然红法夫酵母在生产虾青素方面有诸多的优势，但是就产量来讲，还是不及雨生红球藻。

海洋中的红法夫酵母作为海洋微生物的优势菌群，菌体本身没有毒性，对环境无污染，生长周期较短，发酵条件较易控制，适合于大规模的工业化生产。同时海洋红法夫酵母体内含有丰富的蛋白质、碳水化合物和必需氨基酸，可直接用于水产养殖饲料或者直接添加到饲料添加剂中，不需要二次加工处理。但是海洋中的红法夫酵母目前培养成本较高，藻类成长慢，生长周期长，生长条件苛刻，对水质、环境及光的要求很高，易受 pH、溶解氧含量、温度等的影响。红法夫酵母细胞的生长率和体内虾青素的积累量成反比，提取物中杂质较多，细胞壁坚硬，提取困难，导致获得的虾青素纯度较低。这些因素都制约了红法夫酵母天然虾青素的规模化生产。因此，筛选高产虾青素的红法夫酵母菌种，开发廉价发酵培养基是红法夫酵母生产虾青素当前研究的重点。为此，有报道称只要优化红法夫酵母的发酵条件，相对于传统的培养方式，菌浓度可从 8.56×10^8 CFU/mL 提升到 9.14×10^8 CFU/mL（CFU 是指单位体积中的细菌、霉菌、酵母等微生物的群落总数），提高了 6.78%；再利用酸热法对红法夫酵母进行破壁处理，可使虾青素的产量达到 911.6 μg/g 的水平。目前对红法夫酵母合成虾青素的研究主要集中在菌株分离、通过诱变或基因工程获得虾青素高产菌株等方面。通过菌株突变能够获得高产虾青素的突变体菌株，如通过抗霉素、亚硝基胍（NTG）、甲基硝基亚硝基胍等化学试剂，紫外线及低能流子束技术对野生红法夫酵母菌株进行诱变，筛选出的虾青素高产菌株产量可达 2512 μg/g，而野生型红法夫酵母的虾青素产量只为 200 ～ 400 μg/g。

2. 红法夫酵母在发酵罐中的培养

红法夫酵母能利用多种糖作为碳源进行快速异养代谢，在发酵罐中实现高密度培养，在培育过程中不需要光照。红法夫酵母生产虾青素的最佳条件为：碳源为葡萄糖、纤维二糖，氮源为硫酸铵，最佳培养基组成为葡萄糖 2.5%、果糖 2%、酵母膏 0.5%，发酵初始液 pH 为 8.0，最适培养温度为 20 ～ 22℃，最适培养 pH 为 5.0。由于红法夫酵母好氧，供氧速率要高于 30 mmol/h。最有利于虾青素合成的菌种接种量为 12%，种龄为 48 h，最终产量可达 7.61 mg/L。当接种量为 20%，振荡速度为 160 r/min 时，经过 168 h 培养，虾青素产量可达 9.414 mg/L。综合考虑提高虾青素产量和降低生产成本，可采用混合碳源 - 氨水流加上先进的培养法进行工业化生产，培养 96 h 的虾青素产量最高可达 19.94 mg/L。

3. 优化培养基并改良发酵工艺提高虾青素产量

红法夫酵母体内虾青素的含量会随着发酵培养基、温度、pH、溶解氧水平、碳氮源等环境条件的改变而改变。为提高产量以得到更多的虾青素，就要选育虾青素高产菌株、开发出廉价的培养基、优化培养工艺、改良发酵工艺条件。为此，在培养红法夫酵母时，要注意前期用混合碳源培养，快速积累红法夫酵母的生物量，培养后期则采用补加蛋白胨方式促进酵母产生虾青素。低氮含量有利于虾青素合成。添加豆油作为氧载体可提高红法夫酵母发酵时的溶解氧水平，促进虾青素的合成。研究发现，虾青素前体物质的添加对红法夫酵母虾青素含量也具有显著的影响，如向红法夫酵母发酵液中添加番茄汁、甲羟戊酸及 β- 胡萝卜素等物质均可提高虾青素的产量。植物激素对红法夫酵母细胞生长及虾青素合成也存在一定的促进作用，如添加适量植物激素 6- 苄基腺嘌呤（6-BA）有利于虾青素合成。用二氧化钛（TiO_2）处理也可增加红法夫酵母体内虾青素的合成。

4. 红法夫酵母虾青素的提取

要从红法夫酵母中提取虾青素，首先应将红法夫酵母细胞进行破壁处理，如采用玻璃珠破壁乳化虾青素等多种破碎酵母细胞的方法，可提高虾青素的产量。进行破壁处理时，不仅要考虑破壁效果，还要尽量减少对虾青素的破坏。为此，将红法夫酵母虾青素破壁后，用二甲基亚砜提取是较为理想的方法。另外，酸热法也是较好的破壁方法，用低剂量酸结合高温湿热条件短时间作用于酵母菌体，在最优工艺条件下，虾青素的收率为 84.8%。

（四）雨生红球藻的自然生长和人工培养

研究表明很多种类的藻类都可自身合成虾青素，如雪藻、衣藻、伞藻等，其中产量最高的是雨生红球藻（*Haematococcus pluvialis*）。雨生红球藻在细胞内能够大量合成并积累虾青素，最高含量可达藻体干重的7%，积累速率和生产总量都高于其他藻类，是已知生物中虾青素积累量最高的物种，被公认为是生产天然虾青素的最好生物来源。

雨生红球藻是一种单细胞绿藻，隶属于绿藻纲、团藻目，属世界性分布的寒温带物种，在自然界大的水体中难以长期存在，一般只零星散布于因降雨临时形成的小水体中，如在近海或湖旁建筑屋檐或岩石上的水洼内。仅存于小水体中的雨生红球藻现已突破地理隔离限制，不断扩散成世界性的广布物种。雨生红球藻是一种微藻，而微藻是一类光自养生物，固碳效率高、生长周期短，在适当的条件下，细胞内能够高水平积累具有独特价值的化合物。雨生红球藻有不同的细胞类型、繁殖方式和复杂的细胞周期，在高光、缺氮等胁迫条件下可以大量积累虾青素。虽然雨生红球藻具有培养简单、成本低、节约水资源等优点，但由于其虾青素是储存于红球藻厚壁孢子中的，所以提取虾青素还有一定的难度。

1. 雨生红球藻是很好的虾青素生物来源

国际上规模化培养雨生红球藻始于20世纪80年代。我国从20世纪90年代开始，已有多家机构和数十个微藻研究团队陆续启动雨生红球藻虾青素的研究。有二十多家微藻企业先后开展该藻规模化生产论证并取得成功。雨生红球藻虾青素生产在我国已实现产业化、规模化，并逐渐走向成熟。雨生红球藻由于虾青素含量比较高，可被看作是天然虾青素的"浓缩品"。根据原卫生部2010年第17号公告，雨生红球藻被批准为新食品原料，可正式用于保健食品中。自2012年以来，国家市场监督管理总局又陆续批准了多种雨生红球藻来源虾青素的保健食品。为降低成本，雨生红球藻的藻粉可直接应用于食品及饲料工业。雨生红球藻中，以酯化态形式存在的虾青素占总类胡萝卜素的60%～80%，少量为游离态形式。优良的雨生红球藻藻体中，虾青素一般约占体内类胡萝卜素总量的90%以上。

　　雨生红球藻虾青素的立体异构体为$3S,3'S$左旋结构，与红法夫酵母发酵生产的$3R,3'R$右旋结构虾青素不同，与化学合成虾青素25%左旋、25%右旋和50%内消旋异构体的组成也有显著差异。雨生红球藻虾青素具有天然性和药食同源性，兼具营养功能与多种生物功效。现在市场上销售的天然虾青素主要来自雨生红球藻。雨生红球藻提取物的核心成分就是虾青素。虽然也有不少藻类能产生虾青素，但目前还只有雨生红球藻能用于工业化生产虾青素。雨生红球藻中虾青素含量一般为1.5%～5.0%，其厚壁孢子中虾青素含量最高可达细胞干重的7%，且所含虾青素的结构与养殖对象所需一致，为$3S,3'S$立体异构体。雨生红球藻一般可积累高达4%的虾青素（按干重计），其中约95%的虾青素分子被脂肪酸酯化，并储存在富含甘油三酯的胞质脂质体中。虾青素和脂肪酸的生物合成呈现化学计量关系，虾青素的酯化作用促进了虾青素的形成和积累。

2. 雨生红球藻的形态和生长阶段

　　雨生红球藻的生活史可分为游动细胞和不动细胞两个阶段。每一阶段都主要以无性生殖产生孢子的方式完成增殖，有性生殖方式目前还不十分清楚。正常条件下，游动孢子从孢子囊释放后成为游动细胞。游动细胞大小为宽3～5 μm，长3～8 μm。不动细胞大小为宽19～51 μm，长28～63 μm。细胞壁由两层组成，内层主要是纤维素，外层为果胶层。厚壁孢子细胞壁中还含有花粉素样的成分。游动细胞具两条（少数为四条）顶生、等长、约等于体长的鞭毛。环境不适时，游动细胞会失去鞭毛，成为不能运动的、休眠状态的不动细胞，细胞壁增厚，形成厚壁孢子，细胞体积增大，直径可达原来十倍，分裂停止，原生质中积累大量含虾青素的脂质小体，从而抵抗氧化性损伤。此时的细胞称为厚壁孢子或静孢子，并且由于虾青素的积累而形成特殊的红色，有时也能观察到增大的厚壁孢子内有许多子细胞。雨生红球藻偶尔进行营养繁殖，游动细胞以纵裂方式而不动细胞以出芽方式产生两个相同的细胞，完成增殖。

3. 雨生红球藻的培养条件

用于培养雨生红球藻的营养配方很重要，使用合适的培养基培养的雨生红球藻细胞密度较高，藻细胞生长率高，藻细胞的生物量也高。筛选出最适于雨生红球藻生长的培养基后，还要进行碳源浓度的优化，最适碳源浓度为 0.5 g/L，有机碳源可用醋酸钠，无机碳源可用碳酸氢钠。除了培养基成分外，其他环境条件，如光照、温度、pH 等也直接控制着藻细胞的生长率。雨生红球藻生产虾青素的生产周期比较长，需要充足的光照。一种平板式的光合生物反应器已被用于培养雨生红球藻。在生长过程中，大部分细胞为不动的营养细胞，细胞密度可达 7 ~ 8 g/L。雨生红球藻生长的最适光照条件是 90 μmol/（m²•s），光照过强会使雨生红球藻生长受到抑制。有利于虾青素积累的最适温度为 25 ~ 28℃，在较高温度下，细胞分裂停止，细胞直径可从 5 μm 增大到 25 μm。雨生红球藻最适生长的 pH 为中性至微碱性（pH 7.8）。虽然在 pH 11 的条件下雨生红球藻仍可生长或成活，但生长率很低。雨生红球藻绿色营养生长时期的生物量决定了虾青素的总产量。

4. 雨生红球藻体内虾青素的两步培养法

雨生红球藻合成虾青素的产量与藻类的细胞生物量呈相反的趋势。雨生红球藻营养生长的适宜条件与虾青素累积所需条件不同，即在适合藻类生长的条件时，虾青素的合成速率反而比较低。细胞生物量和虾青素累积量与培养基、培养条件以及藻种（品系）有关。为提高虾青素的生长密度，增加虾青素的积累量，降低生产成本，就要研究虾青素在雨生红球藻体内积累的两个阶段，即合成 β- 胡萝卜素阶段和 β- 胡萝卜素经氧化（酮基化）和羟基化形成虾青素阶段。第一阶段优化培养条件，获得较高的藻细胞生物量是关键。此阶段的培养条件是为了获得较高的藻细胞生物量，如在 25℃，pH 8 的条件下，避光，以 10 ~ 30 mmol/L 乙酸钠作为碳源，在最适生长条件下培养雨生红球藻的营养细胞，使藻细胞生长达到最高细胞密度，最大限度获取生物量。此阶段的藻体细胞中，所有的类胡萝卜素均通过类异戊二烯化合物或萜类化合物途径合成，形成第一个类胡萝卜素——八氢番茄红素。八氢番茄红素经过连续的脱氢反应，共轭双键延长，直至形成链孢红素、番茄红素。番茄红素在不同环化酶的作用下分别生成 α- 胡萝卜素和 β- 胡萝卜素。第二阶段是 β- 胡萝卜素经酮基化和羟基化形成虾青素的阶段。这个阶段虾青素大量积累，且总是发生在不适于生物量积累的营养或环境胁迫条件下。此阶段的环境条件不利于藻细胞生成，藻细胞会变为不动细胞，同时积累虾青素。高光强、高温度、高 pH、高盐度、氮或磷的缺乏都会诱导虾青素的合成。为此要改变培养条件，去除碳源，在强光（可利用自然光）下诱导虾青素的大量积累。第一阶段使用的乙酸钠作为碳源的培养基会影响虾青素的积累量，为此，在第二个阶段应采用完全更换培养基的培养模式促进雨生红球藻细胞的分裂。稳定氮浓度是虾青素积累所必需的。光照密度、时间及光的性质都会影响雨生红球藻中虾青素的积累。在高光强（230 μmol/m^2·s）条件下，氮缺乏会导致虾青素大量积累，但氮、镁同时缺乏也会使虾青素的积累量稍低。可在盐胁迫条件下，增加 Fe^{2+} 或除去氮源，抑制藻细胞分裂，刺激虾青素大量积累。若在雨生红球藻的培养基中添加 Fe^{2+}，虾青素的合成能力将显著增强，并在细胞形态上由营养细胞变成细胞囊。在磷胁迫条件下，藻细胞合成虾青素的速率会提高，而藻细胞的生长也不会受到严重的抑制，这可以为虾青素的生产提供一条捷径。此阶段从 β- 胡萝卜素酮基化开始，经过海胆酮、角黄素、4,4′- 二酮基 -3- 羟基 -β- 胡萝卜素等中间物质最终合成虾青素。β- 胡萝卜素的结构图如下：

雨生红球藻在多种不适宜生长的外界环境条件下都会在细胞核周围的细胞质基质中加速积累次生类胡萝卜素，其中 80% 以上为虾青素及其酯。在雨生红球藻第二阶段可通过诱导调控，使游动细胞转化为不动细胞，快速合成虾青素，从而提高虾青素的产量，同时伴随厚壁孢子的形成。在虾青素积累阶段胁迫条件可显著影响虾青素的积累量。最适胁迫条件是：光照强度为 145 μmol/m²·s、初始 pH 为 7、诱导时间为 9 d。雨生红球藻生长及虾青素积累受诸多因素的影响，如温度、光照、氮源等。在 22℃、较低浓度（0.5 g/L）的硝酸氮以及低光照（1000 lx）条件下，较适宜雨生红球藻的营养生长，氨氮过多容易造成对藻体的毒害且抑制藻体正常生长；而低浓度（0.01 g/L）硝酸氮、高温（30℃）和高光照（3000 lx）较适宜虾青素的积累。

5. 雨生红球藻虾青素的生物合成途径

虾青素含有 40 个碳原子和 4 个氧原子，是类胡萝卜素合成代谢的最终产物。生物体内类胡萝卜素的合成可以分为 3 个阶段。第一阶段为中心碳代谢循环，生物体利用葡萄糖、果糖等碳源通过糖酵解途径合成甘油酸 -3- 磷酸、丙酮酸和乙酰辅酶 A 等物质，作为异戊烯焦磷酸（IPP）和二甲基烯丙基焦磷酸（DAMPP）的前体物质进入下一阶段，同时，一部分乙酰辅酶 A 进入三羧酸循环。第二阶段为类胡萝卜素前体物质异戊烯焦磷酸酯和二甲基烯丙基焦磷酸酯的合成。异戊烯焦磷酸通过异构化反应生成同分异构体二甲基烯丙基焦磷酸。第三阶段为类胡萝卜素物质的合成，主要是通过 β- 胡萝卜素羟基化和酮基化来合成。二甲基烯丙基焦磷酸酯和异戊烯焦磷酸酯以 1∶3 的比例在焦磷酸合成酶（GGPPS，编码基因为 *CrtE*）的作用下合成法尼基二磷酸（FPP），法尼基二磷酸在焦磷酸合成酶的作用下生成牻牛儿基牻牛儿基焦磷酸（GGPP）。牻牛儿基牻牛儿基焦磷酸在八氢番茄红素合成酶和脂肪酸去饱和酶作用下缩合形成番茄红素，番茄红素在番茄红素环化酶作用下合成 β- 胡萝卜素（分子式为 $C_{40}H_{56}$）。第三阶段虾青素的合成在不同生物体内的合成途径有所不同。在红法夫酵母中，虾青素由玉米黄质在细胞色素 P450 酶作用下催化合成；在细菌和藻类中，主要通过 β- 胡萝卜素羟化酶和 β- 胡萝卜素酮醇酶催化合成。玉米黄质是由叶黄素经 β- 胡萝卜素羟化酶作用转化而成的。β- 胡萝卜素中的烯酮和酮玉米黄质在 β- 胡萝卜素酮醇酶作用下合成角黄素，角黄素经由磷黄嘌呤（角磷酰胺）形成虾青素。在不

同物种 β- 胡萝卜素催化生成虾青素的过程中，β- 胡萝卜素羟化酶和 β-胡萝卜素酮醇酶作用的先后顺序不一样。

雨生红球藻细胞内的虾青素是 β- 胡萝卜素合成的终止点。由 β- 胡萝卜素转变为虾青素需加上两个酮基和两个羟基，含有一个酮基的海胆酮和含有两个酮基的角黄素在藻细胞中都少量存在。从 β- 胡萝卜素到虾青素的合成过程中，经海胆酮、角黄素、芬尼黄质为一个途径；在还原型辅酶Ⅱ和氧气存在时，经叶黄素、玉米黄质和酮玉米黄质也可合成虾青素，是合成虾青素的另一个途径。这两个合成途径如下所示：

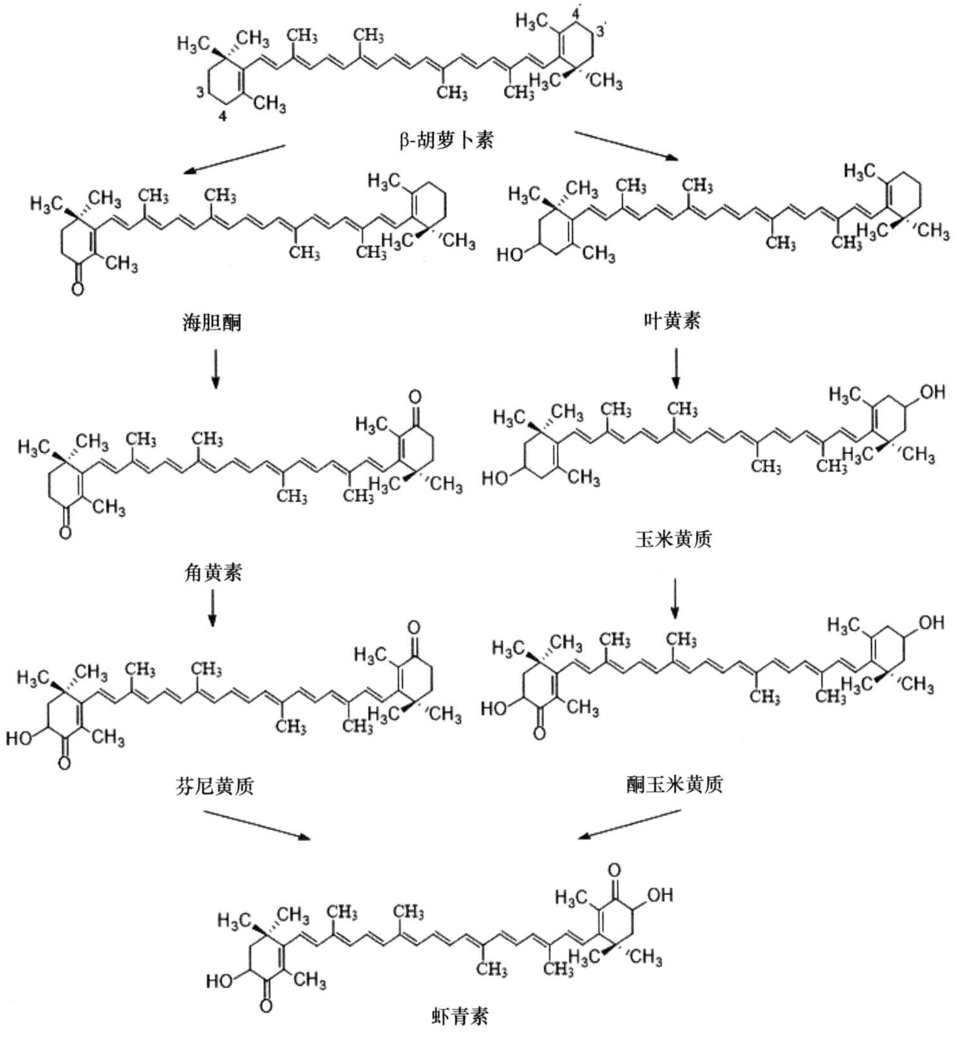

β-胡萝卜素

海胆酮　　　　　　　　　　　　　叶黄素

角黄素　　　　　　　　　　　　　玉米黄质

芬尼黄质　　　　　　　　　　　　酮玉米黄质

虾青素

6. 雨生红球藻的研究重点

随着人们对雨生红球藻生长条件、虾青素积累条件和生理生化过程的逐渐了解，雨生红球藻的研究重点已开始聚焦在综合考虑影响雨生红球藻生长的各个因素、进一步优化生长条件、加强细胞生长和虾青素积累的动力学研究、充分利用雨生红球藻两阶段生活史特性实现两级串养方式在高密度培养雨生红球藻的基础上大量积累虾青素等方面。另外在优化藻种的基础上还在寻求减少污染的技术措施，发展简便高效的提取方法，实现雨生红球藻规模化生产。由于雨生红球藻的工业化培育需要利用光反应器以保证其光合作用，生产成本大幅增加，因此开发新资源、新技术以降低生产成本也成为重点研究方向。

（五）从雨生红球藻细胞中提取虾青素

从雨生红球藻细胞中提取虾青素是一种固 - 液萃取的过程，有机溶剂经细胞壁进入细胞，溶解虾青素后再通过扩散作用进入溶液。用雨生红球藻分离提取天然虾青素的方法很多，有常规溶剂法、超高压法、超临界 CO_2 萃取法、微波法、酶提取法、改良高压液相色谱法等。但所有方法都需要在提取虾青素前对雨生红球藻进行破壁处理，破壁效果的好坏直接影响虾青素产量的多少。以雨生红球藻为原料提取虾青素可采取如下条件：用烘干后的雨生红球藻藻粉作为原料，机械法破壁，提取溶剂为乙酸乙酯，料液比为 $1:10$，提取温度为 $45℃$，提取时间为 $180\ min$。雨生红球藻的细胞壁很厚且存在胶质，阻碍了提取溶剂向细胞内的渗透，加大了虾青素的提取难度。

1. 常规溶剂法提取虾青素

将收集的雨生红球藻藻团先用甲醇与氢氧化钾混合液处理，去除里面的叶绿素，再离心，用二甲基亚砜抽提藻团中的其余色素至藻团变白。在大规模从雨生红球藻细胞内提取虾青素的过程中，也可采用渗透和酸化等方法使藻细胞壁先软化，再提取虾青素。由于雨生红球藻具有较厚的多糖细胞壁，而虾青素积累在厚壁孢子中，萃取剂很难渗透到藻粉中未破壁细胞内溶解虾青素，故虾青素的收率较低，所以提取前首先要破壁。

（1）破壁方法。两步法培育的富含虾青素的雨生红球藻是一种有非常厚细胞壁的孢子，所以提取虾青素必须先破壁。目前藻类常用的破壁方法主要有三种：机械法、酶法、化学法。其中机械法处理的原料营养成分损失较少。机械法具体又有匀浆法、冻融温差法、超声波法、直接研磨法和低温研磨法等。酶法破壁会增加后续分离的难度。化学法虽然破壁效果不错，但其过程中使用了有机溶剂，成本高且不够环保，难于达到食品生产的绿色标准。

（2）原料状态。原料状态可以是新鲜藻膏，也可以是烘干后的干藻粉。新鲜藻膏和烘干后的干藻粉在提取虾青素时，细胞所处的环境不同，因此提取虾青素的效果也有差别。用新鲜藻膏提取虾青素，由于有水分的存在，加入的有机溶剂往往不容易进入细胞，会影响破壁的效果和虾青素的提取效果，收率不高。而且新鲜藻膏存在不易储存、易污染、提取的虾青素易被氧化等问题。烘干后的干藻粉细胞处在无水的条件下，加入的有机溶剂容易进入细胞，继而虾青素可以溶入有机溶剂中，因此收率较高、提取效果较好。而且干藻粉也相对容易保存和运输。

（3）提取溶剂。雨生红球藻中的虾青素易溶于正己烷等弱极性或非极性溶剂中。提取虾青素的常用有机溶剂沸点不宜高，主要有乙醇、丙酮、乙酸乙酯、二氯甲烷、正己烷及其混合溶液等。其中二氯甲烷和丙酮毒性较大，后续处理复杂，稍有残留就会出现安全问题，所以应优先选择乙醇、乙酸乙酯和正己烷作为提取溶剂来提取破壁的雨生红球藻。萃取得到的虾青素含量与收率大小表现顺序为：乙酸乙酯＞正己烷＞乙醇。正己烷极性较小，有利于藻粉中虾青素的溶出；乙醇极性大，不利于虾青素的溶出，且在提取时还会提出大量水溶性多糖，后续处理麻烦；乙酸乙酯不同于以上两种溶剂，既有利于渗透藻细胞壁，又有利于虾青素的溶出，虾青素收率较高，萃取剂中虾青素的含量也高。

（4）提取时间。以乙酸乙酯为溶剂提取虾青素，在其他条件相同的情况下，对比不同提取时间发现：虾青素的收率与含量在提取时间为

135 min 后变化缓慢，180 min 时达到最高，随后随时间延长又降低。这是由于刚开始提取时，溶液混合不均匀、提取不充分，虾青素收率和含量都较低。随着提取时间加长，虾青素收率和含量不断增大。但提取时间过长，虾青素浓度趋于稳定，部分虾青素在较高温度下长时间暴露会氧化降解，所以含量又会降低。综合考虑，提取时间采用 180 min 为宜。

（5）料液比。以乙酸乙酯为提取溶剂，提取时间为 135 min，在其他条件相同的情况下，对比料液比对提取虾青素的影响发现：料液比越大，浓缩时间越长，能耗越大，后续处理越复杂。综合考虑，采用料液比 1：10 为宜。

（6）提取温度。以乙酸乙酯为提取溶剂，在其他条件相同的情况下，温度低于 45℃时，分子间的热运动较慢，溶剂对虾青素的溶解度较低，收率较低。随着温度升高，虾青素收率开始升高。但温度高于 45℃时，部分虾青素氧化降解，虾青素收率反而降低。油膏中虾青素的含量在温度低于 45℃时，变化不大；温度超过 45℃后，含量显著降低。在温度为 45℃时，虾青素的收率和含量达到最高。

综上所述，以雨生红球藻为原料提取虾青素，比较理想的提取条件是：以烘干后的雨生红球藻藻粉作为原料，机械法破壁，用乙酸乙酯作为提取溶剂，料液比为 1：10，在 45℃下提取 180 min。

一种简单又高效的雨生红球藻虾青素提取流程图如图 3 所示。

2. 超高压法提取虾青素

超高压法提取虾青素可以不用先对雨生红球藻进行破壁处理。高压条件提高了虾青素转移率并缩短了提取时间。超高压法因为升压时间短、消耗电能少、设备的损耗较少，可降低生产成本，用于从雨生红球藻中提取虾青素的工业化生产。用超高压法提取虾青素的工艺条件如下：压力为 300 MPa，保压时间为 1 s，提取溶剂为乙酸乙酯和乙醇 1：1 的混合溶剂，提取 2 次，液固比分别为 100 mL/g 和 50 mL/g。试验表明应用超高压法，雨生红球藻中虾青素的转移率可达 98%。

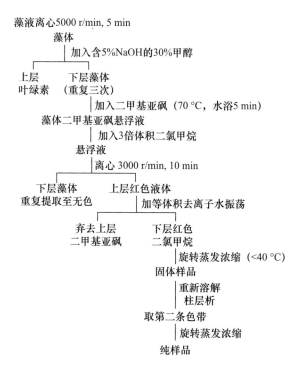

图3 雨生红球藻虾青素的一种提取流程图

3. 超临界CO₂萃取虾青素

采用超临界 CO_2 萃取技术提取虾青素，可先用30%的乙酸浸泡后制粒萃取。超临界 CO_2 萃取的夹带剂为1倍量95%乙醇，萃取时间为3 h，收率可达89.4%。

4. 微波法提取虾青素

以传统溶剂浸提原理为基础发展起来的微波提取技术是一种新型萃取技术。在浸提时采用微波辐射能强化浸提过程、降低生产成本、减少废物并提高收率，是具有良好发展前景的新工艺。近年来微波法在天然产物提取中的应用不断扩大，利用该法从雨生红球藻中提取虾青素的效果较好。

5. 雨生红球藻生产虾青素的产业化现状

20世纪90年代后期人们开始从雨生红球藻中提取虾青素并大规模工业化生产，但虾青素积累与生物量积累之间的矛盾限制了利用雨生红球藻生产虾青素的发展。雨生红球藻的培养技术主要集中在高产藻株筛选、高密度培养条件优化和诱导调控手段多样化方面。诱变育种的一种方法就是利用紫外线和甲基磺酸乙酯（EMS）人工化学诱变高产藻株，具体过程为经甲基磺酸乙酯诱变后再将部分雨生红球藻用紫外线处理，发现其总生物量、单细胞虾青素产量和虾青素总产量分别增加了68%、28%和120%，且可从调节类异戊二烯合成水平上控制虾青素的合成。

（六）雨生红球藻虾青素酯

1. 雨生红球藻虾青素酯的实验室制备

称取一定量新鲜破壁的雨生红球藻藻粉，加入藻粉20倍体积的乙酸乙酯，避光、充氮，在4℃条件下振荡提取10 min。然后在4℃条件下用离心机在5000 r/min的转速下离心5 min，收集上清液。下面的藻粉再在同样操作下重复提取3次，最后合并提取液。将提取液于25℃真空旋转蒸发至无液体流出，未蒸出的即为虾青素酯粗提物。再对虾青素酯粗提物进行纯化。称取100 g已活化的硅胶，采用湿法上柱，用3～4倍柱体积的正己烷过硅胶柱压实。将前述得到的虾青素酯粗提物用正己烷重新溶解后上样，然后依次用体积比为100：0、96：4、92：8、88：12的正己烷和丙酮混合液进行梯度洗脱，并利用薄层色谱（TLC）或高效液相色谱（HPLC）对洗脱组分进行检测，最后将检测到的虾青素单酯和双酯组分的洗脱液进行合并。将合并后的洗脱液在25℃真空旋转蒸发至无液体流出可得到纯化虾青素酯。利用高效液相色谱 - 质谱联用（HPLC-MS）对虾青素酯分子组成及纯度进行检测分析，测得得到的纯化虾青素酯纯度为（96.8±1.2）%。

2. 虾青素酯的皂化水解

以雨生红球藻为原料生产虾青素的制备方法可概括为收获鲜藻、经破壁得到破壁鲜藻、干燥后得到藻粉、用有机溶剂或超临界萃取得到萃取物虾青素酯。虾青素酯可直接用于食品生产，也可经酶解并进行可控皂化后成游离态再用于食品生产。在这个过程中，虾青素酯的生物利用率是一个必须关注的问题。大多数天然虾青素资源是以酯化态形式存在的，在藻类和天然植物中的虾青素主要是虾青素单酯和双酯。哺乳动物由于在消化道中有脂肪酶存在，可以在消化道中水解虾青素酯而不产生副产物，生成的游离态虾青素分子则会进入体内行使功能。因此，人们可以直接使用虾青素酯以达到补充虾青素的目的。但一些生物对酯化态形式的虾青素利用率却较低，如在给鲑鱼饲喂添加虾青素酯的饲料后，发现鲑鱼肌肉中的游离态虾青素水平未见明显提高，说明直接使用虾青素酯并不适用于饲养鲑鱼。作为鲑鱼饲料添加剂的虾青素要采用经体外酶水解的虾青素酯，即成为游离态的虾青素。另外虾青素酯的脂肪酸部分种类多且组分复杂，纯化和检测都较困难，因此有时需要将提取的虾青素酯皂化水解去掉脂肪酸成为游离态虾青素来提高虾青素的纯度。

　　游离态虾青素的制备过程包括萃取和水解两个步骤。游离态虾青素很不稳定，容易异构化和降解，特别是在碱性条件下，极易被氧化而失去 2 个氢生成半虾红素或失去 4 个氢生成虾红素。使用一般的皂化条件对虾青素酯进行水解是无法达到生产要求的，这是由于在强碱和有氧的条件下，虾青素酯皂化时会产生大量的虾红素和半虾红素，而虾红素的生物学功能与虾青素明显不同。因此，在皂化的时候一定要严格控制条件，降低对虾青素的破坏。一般采用含 0.02 mol/L KOH 的乙醇或甲醇溶液在低温或室温下对虾青素酯进行皂化。虾青素的皂化过程如图 4 所示。

　　3. 皂化后虾青素的纯化

　　以雨生红球藻为原料生产的虾青素，经过皂化得到的虾青素含量较低，还含有其他类胡萝卜素、脂质等物质，一般要通过层析进行纯化才能得到高纯度的虾青素制品。以硅胶为固定相，极性与非极性混合溶剂作流动相，是分离虾青素的常用方法。采用高速逆流色谱、吸附树脂、硅胶色谱柱或高效液相色谱等技术可得到含量在 90% 以上的虾青素晶体。

　　（1）高速逆流色谱分离纯化。高速逆流色谱对皂化后的虾青素进行分离纯化采用的是两相溶剂系统（正己烷、乙酸乙酯、甲醇和水的体积

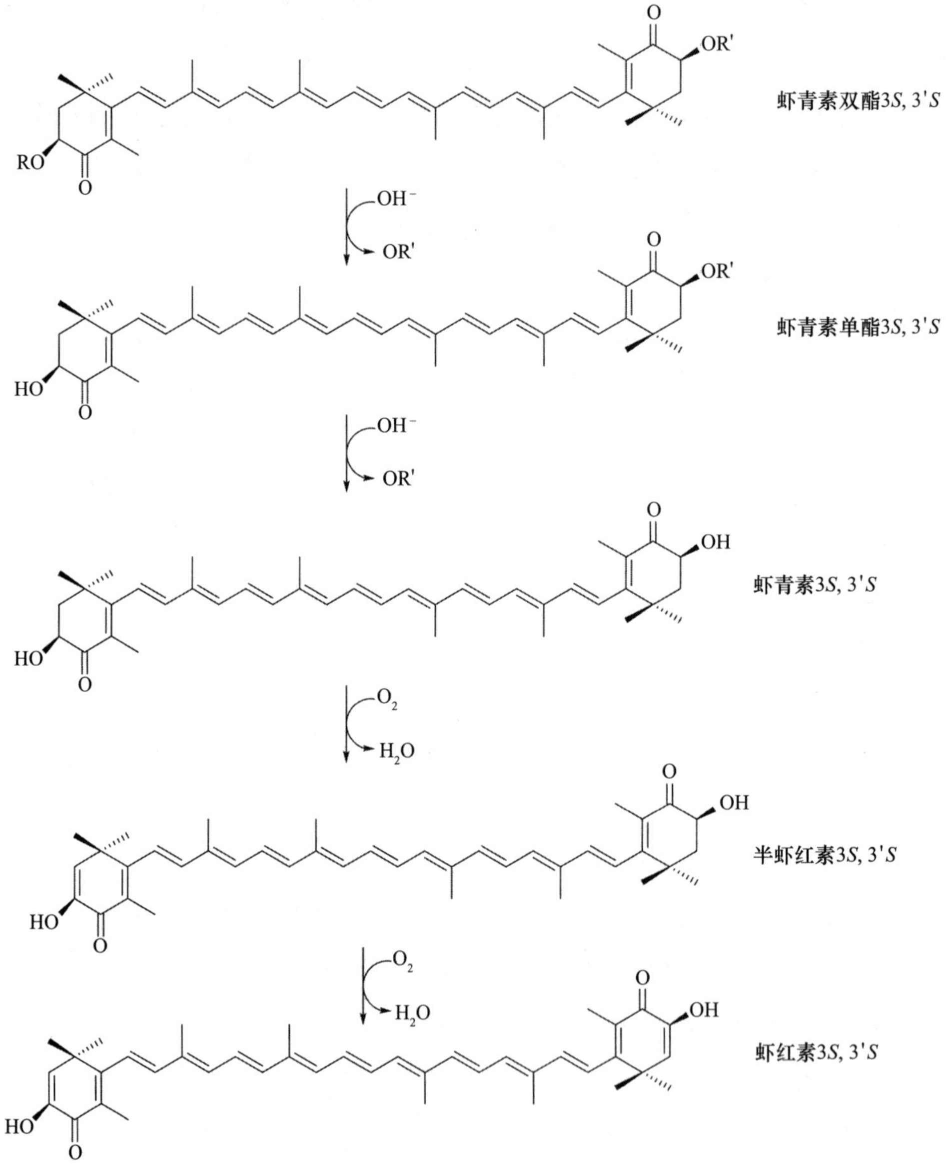

虾青素双酯3*S*, 3'*S*

虾青素单酯3*S*, 3'*S*

虾青素3*S*, 3'*S*

半虾红素3*S*, 3'*S*

虾红素3*S*, 3'*S*

图4 强碱性条件下虾青素的皂化过程

比为5：5：6.5：3）。在480 nm下监测出峰情况，最终可从虾青素粗提物中得到纯度高达97%的虾青素。

（2）吸附树脂和硅胶色谱柱结合的分离纯化。用吸附树脂或硅胶色谱柱提纯的方法得到的虾青素虽然纯度较高，但不适用于大批量生产。

目前有研究将吸附树脂和硅胶色谱柱结合来分离纯化虾青素提取物，取得了较好的效果。

（七）虾青素的其他生物来源

目前天然虾青素的工业化生产还存在一些问题，如原料生长周期长、生长条件要求苛刻、杂质多、提取困难、成本高等。目前虾青素酯的皂化工艺不成熟，难以制备出大量纯度较高、副产物较少的虾青素晶体。制备出的虾青素样品中其他成分的鉴定也还不完全明确，样品的安全性和应用性都存在一定的制约，为此应考虑扩大天然虾青素的来源。天然虾青素的生物来源除了以上三种以外，还有一些含有虾青素的其他藻类、酵母、细菌、海洋真核微生物和侧金盏花等植物，但如何开发利用这些生物来源还处于研究阶段。如利用从葡萄园土壤中分离出的粘红酵母，经过紫外线和甲基磺酸乙酯烷化剂诱变处理获得产生虾青素的突变株；还有从保加利亚酸奶中分离出的一种深红酵母或从南极海冰中分离出的一种酵母也都有合成虾青素的能力。这些都有可能成为获取虾青素的新途径。分布于我国辽宁、吉林和黑龙江等地的侧金盏花属高等植物花组织中也含有较高含量的虾青素，从中提取虾青素是一种非常有潜力和应用前景的方法。虾青素是类胡萝卜素合成的终点，β- 胡萝卜素加上 2 个羟基和 2 个酮基就能转变为虾青素。β- 胡萝卜素在自然界中广泛存在。为此，人们也在研究以细菌、原生动物、农作物体内的 β- 胡萝卜素作为前体物质，将合成虾青素的酶通过转基因技术转入相应物种中来合成虾青素的方法。

下面介绍一些虾青素来源的研究成果：

1. 虾青素的其他藻类来源

雨生红球藻已被我国认定为安全生产菌株，但是雨生红球藻的工业化生产成本还比较高，为此科学家开展了含有虾青素的其他藻类研究。已发现多种微藻可以合成虾青素。微藻通常是指含有叶绿素 a 并能进行光合作用的微生物的总称。多数微藻能够合成多不饱和脂肪酸、微藻多糖等多种生物活性成分，一些微藻自身还具有完整的虾青素合成途径，能够积累大量类胡萝卜素。雨生红球藻、小球藻等淡水单细胞微藻是虾青素生物合成的主要资源。此外，绿球藻、衣藻、伞藻中也含有虾青素。通过环境胁迫、诱变、基因工程等手段可以进一步提升这些微藻细胞中虾青素的含量。微藻细胞在最佳条件下生长时，细胞通常为绿色营养形态；应激条件下诱导虾青素积累，细胞呈现红色的囊状形态。当细胞处于胁迫环境中时，微藻细胞会从绿色营养形态向红色囊状形态转化。这是由于微藻细胞内类胡萝卜素的代谢增强，合成了大量虾青素来抵抗对自身生长不利的环境。

虾青素与构成光合作用结构和功能的主要成分——初级类胡萝卜素（如 β- 胡萝卜素、玉米黄质和叶黄素）不同，能够在强光、高盐度和营养缺乏等压力条件下大量积累。在低营养、强光等环境应激条件下，红色包囊开始形成，积累大量虾青素。研究表明，在高光照条件下，β- 胡萝卜素羟化酶、六氢番茄红素合成酶、八氢番茄红素去饱和酶均被上调，从而使得细胞内虾青素积累增加。研究还发现一定浓度的丁醇、甲醇对于这些微藻具有诱导虾青素合成的作用，如在培养基中加入 5.6% 的甲醇时，总虾青素含量大幅提升，且合成的虾青素主要为 $3S,3'S$ 结构。

绿球藻合成的虾青素兼具红法夫酵母和雨生红球藻虾青素的部分优势特征，可以利用有机物，如葡萄糖作为碳源和能源，在无光条件下快速合成虾青素，最适生长温度和最适虾青素合成温度均接近室温 24℃，且碳氮比越高越有利于虾青素的合成。在绿球藻细胞质中大量积累的虾青素是以酯化态形式存在的，绿球藻的生长繁殖与虾青素在细胞中的积累可同步进行。这些特性有利于简化生产设备、节约生产时间、提高生产效率，为大规模培养提供有利因素。但是绿球藻中虾青素的含量远低于雨生红球藻，可能是合成虾青素的途径还存在缺陷所致。为此，科学家正在利用基因工程手段，对虾青素合成途径中的关键酶基因表达进行调控，引入外源基因优化绿球藻的虾青素合成途径，希望能突破合成虾青素的途径缺陷，诱导增加虾青素产量。

2. 虾青素的其他酵母来源

红法夫酵母是天然虾青素的主要酵母来源。对红法夫酵母合成虾青素的研究主要集中在菌株分离、诱变以及基因工程获得虾青素高产菌株等方面。

酵母工程菌株在虾青素生产方面有很好的应用前景。解脂耶氏酵母具有较高的虾青素前体——异戊烯焦磷酸和二甲基烯丙基焦磷酸含量。若能引入催化 β- 胡萝卜素转化为虾青素的关键酶就可生成虾青素。为此，在解脂耶氏酵母基因组中引入来源于念珠藻的 β- 胡萝卜素羟化酶编码基因和来源于一种北极副球菌的 β- 胡萝卜素酮醇酶的编码基因，得到的工程菌株中虾青素产量可达 3.5 μg/g，菌体干重（DCW）可达 54.6 mg/L。也有研究在酿酒酵母中通过基因工程导入雨生红球藻的两个基因来提升 β- 胡萝卜素向虾青素的转化率，实现细胞内虾青素的积累。

3. 虾青素的细菌来源

一些细菌也可以合成虾青素。虾青素已在短波单胞菌、鞘氨醇单胞菌、海云衫副球菌、石垣嗜热链球菌和甲基单胞菌属等几类细菌中被发现。在这些细菌中已发现虾青素合成代谢的前体物质和虾青素合成途径中的多种关键基因，这为构建虾青素高产工程菌株提供了可能。随着代谢途径的明确，通过基因工程技术也获得了一些虾青素高产菌株。此外，通过 γ 射线、亚硝基胍化学试剂等方法对野生菌株进行诱变也可以获得虾青素高产菌株。使用 γ 射线获得的高产菌株中虾青素的产量可达 3.69 mg/L，为原始菌株的 3 倍。

对于大肠杆菌中虾青素的异源生物合成而言，将 β- 胡萝卜素转化为虾青素是实现虾青素高效生物合成的最关键步骤。已有研究报道，通过将海洋细菌——海云衫副球菌来源的多种类胡萝卜素基因组合后，成功构建出可以产生虾青素的大肠杆菌工程菌株，且产量高达 400 μg/g。在大肠杆菌中已发现有两种主要限速酶和异构酶可增加异戊二烯前体的代谢，并使番茄红素或 β- 胡萝卜素等类胡萝卜素的产量显著增加。利用重组技术构建出不含质粒的大肠杆菌，将菠萝泛菌和念珠藻的叶黄素生物合成基因整合到大肠杆菌的基因组上，得到大肠杆菌工程菌株 *E. coli* BW-ASTA，该菌株异源表达后得到的虾青素产量为 $1.4 \mu g/g$。虽然细菌自身合成虾青素的水平还与藻类差距较大，但在细菌中合成虾青素具有重要意义，可为后续工程菌株的构建提供相应的基因序列。

4. 虾青素的海洋真核微生物来源

海洋真核微生物也能合成虾青素，如破囊壶菌、裂殖壶菌中可以积累 β- 胡萝卜素、虾青素等类胡萝卜素。破囊壶菌是一类类似于微藻但缺乏叶绿体且不进行光合作用的真核微生物，细胞内可以积累大量对人体有利的活性物质，如油脂、色素、角鲨烯等。研究发现，破囊壶菌在以甘油作为碳源发酵的过程中，甘油主要通过增强糖酵解活性和产生还原型烟酰胺腺嘌呤二核苷酸磷酸来促进破囊壶菌中次级代谢产物的生物合成。利用酿酒副产物及废糖浆做破囊壶菌的碳源，在成功提高虾青素产量的同时还可降低生产成本，有望实现破囊壶菌体内虾青素生物合成的商业化。此外，裂殖壶菌具有不需光照的特点，是虾青素生产工业化的潜在菌株。

5. 虾青素的陆地植物来源

侧金盏花属植物是目前已知的唯一能产生虾青素的陆地植物种类。侧金盏花的花瓣由于虾青素的积累而呈现明亮的血红色。侧金盏花花朵较小，使得其在虾青素的工业化生产中有一定难度，但却提供了高等植物中虾青素合成的良好途径，为开发虾青素生物反应器提供了参考。从侧金盏花中提取的虾青素活性较高，与鲑鱼等生物体内虾青素分子结构基本上一致，而且侧金盏花栽培条件简单，易于实现大规模种植和工业化生产。

虾青素是类胡萝卜素合成代谢的最终产物，虽然许多植物还不具有积累虾青素的能力，但却含有较高含量的类胡萝卜素。这些植物细胞只是缺少从 β- 胡萝卜素到虾青素合成代谢途径的相关基因，使得代谢中断在 β- 胡萝卜素合成阶段。研究人员通过基因工程获得高产虾青素的工程植物，在番茄中表达莱茵衣藻的 β- 胡萝卜素酮醇酶和雨生红球藻的 β- 胡萝卜素羟化酶,可使得番茄中大多数原有的类胡萝卜素基因上调,有效地将碳通量引导到类胡萝卜素中,使游离态虾青素在叶片中大量积累。此外,还有报道利用转基因植物来表达虾青素的方法。通过转基因技术合成虾青素或许能够成为未来虾青素的主要来源之一。这使得运用代谢工程手段合成大量天然虾青素成为可能。

目前天然虾青素的生产还存在很多问题:传统的几种原料存在着提取困难、原料生长周期长等问题,影响虾青素的工业化生产;虾青素酯的皂化工艺还不成熟,难以制备出大量纯度较高、副产物较少的虾青素晶体;制备出的虾青素样品中其他成分的鉴定尚不明确,制约了样品的安全性和应用性。为此应考虑扩大天然虾青素的来源范围,例如从含有丰富虾青素的侧金盏花属植物中提取。此外,还要研究确定适合工业化生产的虾青素分离纯化工艺,对得到晶体的各组分和安全性进行系统的研究,让天然虾青素更好地满足人们的需求。

第五章

虾青素的检测方法

为了深入研究虾青素生物活性与结构之间的关系，以便于在医药、保健食品、食品添加剂、水产养殖和化妆品等方面得到更广泛的应用，有必要建立简便、快速、精确的检测虾青素及其多种结构形式的方法。

（一）虾青素的检测标准和检测方法

虾青素的检测方法主要是紫外 - 可见分光光度法和高效液相色谱法，另外还有激光拉曼光谱法、高效液相色谱 - 质谱联用法、薄层色谱法和核磁共振法等。紫外 - 可见分光光度法是早期的检测方法，只能检测总虾青素含量，不能检测虾青素各异构体的含量。该法在测定过程中容易受到干扰，难以精确定量，只适合快速筛查。高效液相色谱法是目前虾青素检测的主要方法。但高效液相色谱法还存在着虾青素酯难以有效分离、缺少标准品、耗时长等问题。在检测过程中，如果温度和碱浓度偏高，容易引起虾青素的异构化和损失，导致检测结果不准确。高效液相色谱 - 质谱联用法能够用于虾青素酯及脂肪酸的结构鉴定，实现虾青素多种几何异构体的分离，但对人员和设备要求比较高。在高效液相色谱法或者高效液相色谱 - 质谱联用法中，前处理的提取方法是关键。提取方法可分为溶剂浸提法、酶解法、微波法、超临界 CO_2 萃取法等。核磁共振法能够实现虾青素异构体和虾青素酯的结构鉴定和定量分析，但仪器较贵、维护成本较高。

　　需要检测的虾青素主要来源有雨生红球藻，红法夫酵母，动物源性的虾、蟹、鱼、鸡肉、鸡蛋等，以及人工合成的虾青素。这些原料中的虾青素主要以游离态和酯化态形式存在。游离态的虾青素只需要充分提取，再检测各异构体含量或者总量即可。酯化态的虾青素需要先将其皂化或酶解成游离态虾青素再进行检测。虾青素检测方法依据的 5 种标准（国家标准、行业标准和地方标准）如下：

　　1. 国家标准

　　（1）国标 GB/T 23745-2009。该标准主要用于检测饲料添加剂中虾青素的含量，主要检测对象是合成虾青素，可采用紫外 - 可见分光光度法检测。

　　（2）国标 GB/T 31520-2015。该标准主要用于检测雨生红球藻中虾青素的含量。雨生红球藻中的虾青素主要以虾青素酯的形式存在，因此该方法首先将虾青素酯皂化，使其水解成游离态，再采用高效液相色谱法进行定量。该方法能同时定量全反式、9- 顺式和 13- 顺式虾青素。

　　2. 水产行业标准

　　水产行业标准为 SC/T 3053-2019。该标准主要用于检测水产品及其制品中虾青素的含量，采用高效液相色谱法进行检测。

3. 出入境检验检疫行业标准

出入境检验检疫行业标准为 SN/T 2327-2009。该标准主要用于检测进出口动物源性食品中角黄素、虾青素的含量。检测对象为黄鱼、鳗鱼、鸡肉、鸡蛋、鸭肝、猪肾和牛奶等。由于这些原料中的虾青素都是以游离态形式存在，因此该方法可直接采取乙腈提取，正己烷脱脂、浓缩后用高效液相色谱法来定量的方式进行。

4. 中国医药保健品进出口商会团体标准

中国医药保健品进出口商会团体标准为 T/CCCMHPIE 1.23-2016。该标准适用于以人工培养的雨生红球藻为原料经提取精制后得到的虾青素油。原料中的虾青素酯先经胆固醇酯酶酶解后转化成游离态虾青素再检测，也能同时检测出全反式、9-顺式和 13-顺式虾青素。该方法源于《美国药典》，森淼、爱尔发等企业的企业标准均采用此方法。

5. 地方标准

地方标准如黑龙江省发布的 DB23/T 1275-2008。该标准主要用于饲料中虾青素含量的测定，采用高效液相色谱法。另外针对南极磷虾虾青素的结构特征和理化特性，还可能专门建立南极磷虾虾青素含量的检测方法和标准。

（二）紫外 – 可见分光光度法

紫外 - 可见分光光度法是在 190 ～ 800 nm 波长范围内测定物质的吸光度，用于鉴别、杂质检查和定量测定的方法。由于虾青素类化合物在可见光区域内具有特征吸收，因此可以采用紫外 - 可见分光光度法定量检测。该方法简单快速、适用范围广、成本低，但也存在一定的缺点。采用紫外 - 可见分光光度法测定的虾青素含量要比高效液相色谱法高，原因是除了虾青素外，其他类胡萝卜素，如叶黄素、角黄素和 β- 胡萝卜素，也可能被认为是虾青素，甚至叶绿素和一些虾青素降解产物也被包含在虾青素含量之中。游离态虾青素的最大吸收波长在 476 nm 附近，虾青素酯在 476 nm 波长处也存在吸收。紫外 - 可见分光光度法测得的值是游离态虾青素与虾青素酯的总和，并不能准确检测物质中游离态虾青素的质量浓度。

（三）高效液相色谱法

目前，虾青素的定量多采用高效液相色谱法。该方法加标回收率高、精密度良好、测量结果准确，可以应用于保健食品中虾青素含量的测定。一般可用来检测油状形态和粉末状形态样品来源的保健食品。样品可用二氯甲烷和甲醇体积比为 1 : 3 的混合溶液提取，经氢氧化钠 - 甲醇溶液皂化脱去脂肪酸成游离态虾青素（控制在 21.9 mmol/L 以下浓度范围内的氢氧化钠不会造成虾青素的降解），然后用高效液相色谱法进行分离，测定虾青素含量。可用 C18 或 C30 柱，以甲醇和水或甲醇和乙腈体系为流动相，用紫外检测器检测，再利用外标法定量。全反式虾青素在 0.25 ～ 12.70 μg/mL 范围内呈现良好的线性关系，检出限为 1.09 ng/mL，定量限为 3.64 ng/mL。油状形态样品中的虾青素精密度为 2.4%，加标回收率为 96.7%。粉末形态样品中的虾青素精密度为 2.0%，加标回收率为 98.6%。也可将样品经无水硫酸镁去除水分，以丙酮作为提取溶剂，提取液中加入 N- 丙基乙二胺填料，采用固相萃取小柱预分离净化，然后经氢氧化钠 - 甲醇溶液皂化使虾青素酯转化为游离态虾青素，通过高效液相色谱法测出其游离态虾青素的含量。如以 YMC-Carotenoid（C30）为色谱柱，以甲醇、叔丁基甲基醚和 1% 磷酸溶液的流动相进行梯度洗脱，经紫外检测器测定，检测波长为 475 nm，可检测出三种虾青素同分异构体。该方法的加标回收率为 86.1% ～ 94.3%，相对标准偏差为 0.79% ～ 1.91%。

（四）高效液相色谱 – 质谱联用法

液相色谱能够有效地将有机物待测样品中的有机物成分分离开，再对分开的有机物根据其质谱图谱逐个进行分析，得到有机物分子量、结构（在某些情况下）和浓度（定量分析）等信息。高效液相色谱 - 质谱联用法结合了液相色谱的分离能力和质谱的高特异性结构检测的优点，并可利用峰面积法对样品进行定量测定。

（五）薄层色谱法

薄层色谱法不仅可以用来分离纯化虾青素，还可以结合扫描分析来定量虾青素。如采用高效薄层色谱法测定磷虾油中虾青素含量，固定相采用高性能硅胶，流动相采用正己烷和丙酮体积比为 7∶2 的混合溶液，可在 10 min 内完成洗脱分离，再结合薄层色谱扫描仪分析吸光度来定量。试验结果表明虾青素加标回收率约为 98.53%。

（六）几何异构体的鉴定

获取虾青素有人工合成和生物提取两种方式。不同获取方式取得的虾青素结构不同，其抗氧化性能也不同。虾青素分子具有高度对称结构，一般可拥有四种几何异构体，包括全反式、9- 顺式、13- 顺式和 15- 顺式异构体。不同几何异构体虾青素的抗氧化性能等也存在差异。

对虾青素几何异构体的鉴定，首先要用柱色谱进行分离，将虾青素结晶放置在氯仿中转动 24 h，过滤收集滤液，再将滤液加在预先处理好的硅胶柱中。在避光条件下，用正己烷和丙酮体积比为 1∶1 的混合溶液持续洗脱。将洗脱液收集到试管中，用薄层色谱法进行分析。然后将相同组分洗脱液合并，减压脱溶之后用高效液相色谱 - 质谱联用法进行鉴定。几何异构体鉴定的高效液相色谱和质谱条件如下：

1. 色谱条件设置

将分离后的样品利用流动相溶解稀释，过滤后进行分析。流动相为正己烷和丙酮体积比为 86∶14 的混合溶液，流速为 1.5 mL/min，检测波长为 480 nm，检测温度为 30℃，二极管阵列 UV-VIS 检测器（DAD）光谱收集范围为 300 ～ 600 nm，进样量为 20 μL，样品的质量浓度范围控制在 1.0 ～ 100.0 μg/mL。在这些参数标准下，虾青素几何异构体的鉴定校准率相关系数可大于 0.999。

2. 质谱条件设置

离子源选用大气压化学电离（APCI），其扫描范围是 $m/z = 300 \sim 700$，温度控制在400℃，雾化电流设置为 2 μA，各种气体气压控制在 207 kPa 左右。

第六章

天然虾青素的生物保健功能

虽然人们在 20 世纪 30 年代就从虾蟹的壳中分离出了虾青素，但其生理功能直到 20 世纪 80 年代才引起广泛重视。虾青素的分子结构决定了它具有超凡的抗氧化性。虾青素分子结构中含有 2 个 β- 紫罗兰酮环，13 个共轭双键以及 α- 羟基酮。这些结构都具有比较活泼的电子效应，既能向自由基提供电子，又能吸引自由基未配对电子，易于与自由基反应而清除自由基，从而起到抗氧化作用。虾青素还是一种断链式抗氧化剂，可将单线态氧多余的能量吸收到共轭分子链中，导致自身分子断裂，同时保护其他分子。虾青素可以阻止自由基引发的链式反应，抑制多不饱和脂肪酸的降解，从而起到保护脂质膜的作用。

天然虾青素不但是迄今为止人类发现的自然界中最强的抗氧化剂，而且还是目前已知唯一可穿越人体血脑屏障、血视网膜屏障、血胰屏障和血生精小管屏障等屏障的类胡萝卜素，对中枢神经系统和脑功能有积极作用。虾青素能穿越血脑屏障，对大脑和中枢神经都能起到抗氧化和抗炎的保护作用。虾青素作为线性分子，分子内"极性 - 非极性 - 极性"布局使其能够精确地插入膜中，并跨越整个膜而不破坏细胞膜。虾青素能够跨越并镶嵌在细胞膜上，从细胞膜内、膜外和膜中间捕获活跃的自由基，保护细胞膜、增强膜的生物功能，使细胞膜免受氧化损伤，发挥其超强的抗氧化作用。虾青素能够通达全身发挥作用，给心血管系统、神经系统和内脏器官都带来抗氧化、抗炎的活性保护作用。虾青素的强抗氧化性为虾青素生物功能的应用提供了理论依据。虾青素通过其抗氧化功能，可调节体内免疫系统功能、抗炎、防紫外线辐射、抗衰老、抑制肿瘤、抗癌症、预防心脑血管疾病、抗高血压、抗肥胖、缓解运动疲劳、预防或治疗幽门螺杆菌感染等，可用于保健和医疗领域。虾青素的着色功能可用于化妆品中，在口红、胭脂中作为天然色素来使用。目前研究表明，虾青素的生理和生物学功能已达 100 多种，在一些临床研究报道中，虾青素已被证明作为多种疾病的最佳预防和治疗产品在生物保健作用方面具有显著效果。由于人们食品安全的意识越来越强，虾青素有望成为抗氧化食品添加剂的首选。虾青素作为一种功能因子，又具有多方面的营养保健作用，已深受国内外食品、医药、日化以及饲料添加剂等多个行业的关注和欢迎。

（一）虾青素具有超强的抗氧化活性

身体的氧化损伤是由生物体正常的有氧代谢产生的自由基和活性氧引起的。自由基和活性氧具有很高的反应活性，能与蛋白质、脂质和 DNA 等生物体中重要的化合物发生链式反应，导致与疾病相关的各种蛋白质和脂质过氧化，并会引起 DNA 损伤。当机体内自由基和活性氧水平超过体内内源性抗氧化酶系统的抗氧化能力时，会引起氧化应激，成为疾病病理过程中的重要介质，使细胞内氧化与抗氧化反应的平衡状态被打破，细胞受损以致凋亡，最终使机体产生多种疾病。

虾青素 4 位与 4′ 位上的酮基能激活 3 位与 3′ 位上的羟基,并促进羟基上的氢向过氧化物自由基上转移,进一步提高虾青素的抗氧化性能。这样会导致共轭多烯链上的电子密度发生实质性变化,使虾青素靠近环的一端更有可能进攻自由基。虾青素通过淬灭单线态氧、清除过氧化物自由基、与一氧化氮反应、抑制亚硝酸盐的产生,不仅能抑制生物膜被氧化、防止链式反应发生、抑制脂质过氧化,还能增强免疫系统功能并调节基因表达,发挥对身体的保护作用。

给虹鳟鱼喂食含有虾青素的饲料 50 天后,其鱼肉中虾青素的平均含量达到（5.76 ± 0.18）$\times 10^3$ ng/g。测定作为脂质过氧化指标的丙二醛平均含量发现:对照组虹鳟鱼的丙二醛平均含量为 $1.31 \times 10^3 \sim 1.73 \times 10^3$ ng/g,而加入虾青素饲料喂养组的虹鳟鱼体内丙二醛平均含量从 1.56×10^3 ng/g 下降到 0.45×10^3 ng/g。丙二醛含量随鱼肉中虾青素含量的增加呈线性下降证实了虾青素是一种非常有效的抗氧化剂。

1. 虾青素是强大的天然抗氧化剂

虾青素特殊的分子结构能够通过清除自由基和活性氧,终止自由基链式反应来保护细胞免于脂质过氧化。另外,虾青素还可以提高机体内抗氧化酶系统降低自由基和活性氧的能力,实现多种途径防止氧化应激损伤的功能。虾青素能有效清除细胞内的氧自由基、淬灭单线态氧、增强细胞再生能力,维持机体平衡并减少衰老细胞的堆积,由内而外保护细胞及其中 DNA。虾青素清除细胞中氧自由基的效果比多不饱和脂肪酸中的二十二碳六烯酸和二十碳五烯酸更加有效、安全。

虾青素抗氧化活性为维生素 E 的 550 倍,获得"超级维生素 E"的称号。

2. 虾青素可淬灭单线态氧

机体在进行正常生命活动时,如呼吸链电子传递、体内物质氧化产能过程,均可产生少量自由基;在受到化学试剂、紫外辐射等刺激情况下,会产生大量自由基。这些自由基能引起氨基酸氧化、蛋白质降解和 DNA 损伤,还能使细胞膜上的不饱和脂肪酸发生链式反应,使生物膜上的脂质过氧化，从而影响细胞的功能。体内过氧化物负离子与过氧化氢反应会生成羟自由基，而羟自由基能杀死红细胞并降解 DNA、细胞膜与多糖化合物。抗氧化剂能清除羟自由基，使其有害作用明显降低。清除羟自由基、淬灭单线态氧的能力是天然产物抗氧化性的重要检测指标。虾青素能够有效地抑制羟自由基和超氧阴离子自由基。虾青素对单线态氧的淬灭是由亲电单线态氧和共轭多烯链之间的能量转移介导的，能量会从单线态氧转移到虾青素分子中，而富含能量的虾青素分子又可通过将能量转化为热量释放而返回基态，使虾青素分子不仅完整，还可以进行下一次的单线态氧淬灭，不断清除自由基。虾青素通过淬灭单线态氧、清除羟自由基、降低膜通透性、限制氧化剂渗透进细胞来维持细胞膜稳定。

抗氧化剂淬灭单线态氧的能力随着分子中共轭双键的增加而增加。虾青素的共轭双键数目是目前已知的天然产物中最多的，因此其淬灭单线态氧的能力也最强。通过比较共轭双键数目不同的叶黄素、玉米黄质、番茄红素、异玉米黄素和虾青素五种类胡萝卜素及其衍生物在豆油光氧化作用中淬灭单线态氧的作用，发现淬灭单线态氧的能力具有随共轭双键数增加而增加的特性。当虾青素含量为 90 μg/mL 时，这些单线态氧的清除率达 95%，具有强抗氧化活性。虾青素淬灭单线态氧的能力强于叶黄素、β-胡萝卜素和其他类胡萝卜素。只具有羟基极性基团的类胡萝卜素，活动性在整合入膜双分子层的时候会受到限制，阻碍其共轭多烯链和单线态氧的反应，而同时含有羟基和酮基结构的虾青素就表现出较高的抗氧化活性。

虾青素在淬灭单线态氧、清除羟自由基时，还能阻断脂肪酸的链式反应。虾青素是一种链断裂型抗氧化剂，能通过长链的共轭烯烃结构有效清除自由基、阻止单线态氧对其他分子或组织造成氧化伤害。虾青素分子的独特结构为其在体内清除自由基奠定了基础。虾青素能够通过接受或提供电子来中和自由基或其他氧化剂，最适合清除单线态氧和超氧阴离子自由基，并且在此过程中虾青素分子不被破坏，也不会成为促氧化剂。天然虾青素清除超氧阴离子自由基的能力，比维生素 C、维生素 E、β- 胡萝卜素、碧萝芷（一种高效抗氧化物质，为法国沿海松树树皮提取物）等抗氧化剂要强 14 ～ 16 倍。

1,1- 二苯基 -2- 三硝基苯肼（DPPH）和 2,2- 联氮双（3- 乙基苯并噻唑啉 -6- 磺酸）二铵盐（ABTS，在 734 nm 处有最大吸收）自由基，都在自由基的化学反应中作为一种检测反应的物质被使用，常用于抗氧化成分的体外抗氧化性能的评价。采用盐酸预处理、丙酮萃取的方法从雨生红球藻中提取的虾青素，对 DPPH 自由基清除率为（73.2±1.0）%，而且对 DPPH 自由基的清除能力与剂量有关。虾青素对 ABTS 自由基也具有明显的清除作用，且清除能力具有浓度依赖性。虾青素对 ABTS 自由基的清除能力明显高于维生素 C 和二丁基羟基甲苯（BHT），虾青素清除 ABTS 自由基的 ED 50 为（7.7±0.6）μg/mL，维生素 C 和 BHT 的 ED 50 分别为（20.8±1.1）μg/mL 和（15.1±0.7）μg/mL。

不同虾青素异构体清除自由基的能力也有差异。试验表明：虾青素异构体清除 DPPH 自由基和对 ABTS 自由基的清除能力顺序为：9- 顺式虾青素 >13- 顺式虾青素 >15- 顺式虾青素 > 全反式虾青素 >β- 胡萝卜素 > 维生素 E。维生素 E 的质量浓度大小并不会影响其对 DPPH 自由基的清除能力，但 9- 顺式虾青素、13- 顺式虾青素和 15- 顺式虾青素能够随着质量浓度的增加而提高其对 DPPH 自由基的清除率，表现出正相关的关系。

3. 虾青素可防止脂质过氧化

生物体内细胞生物氧化产生的氧自由基和过氧化氢等活性氧，可以通过脂肪酸自由基将细胞膜上的不饱和脂肪酸氧化，产生链式反应，打破生物体内抗氧化剂和自由基的平衡，导致风湿性关节炎、心脏病等疾病的发生。虾青素不但可以淬灭单线态氧、直接清除氧自由基，还能阻断脂肪酸的链式反应。含氧基团过氧化氢、叔丁基过氧化氢能促进脂质氧化，而虾青素和 β- 胡萝卜素均能显著抑制脂质过氧化。虾青素不但有长共轭多烯链，末端还有 α- 羟基酮的端环结构，能分别在膜内和膜表面捕获自由基，而 β- 胡萝卜素只有共轭多烯链，只能在膜表面捕获自由基。虾青素对过氧化氢引起的质膜氧化损伤具有明显的抗氧化保护作用，能有效地防止磷脂和其他脂质的过氧化。X 射线衍射试验表明，虾青素能通过强大的抗氧化活性稳定细胞膜的结构。此外，虾青素在高压氧条件下，不会像一些抗氧化剂那样成为氧化强化剂。虾青素和其他氧化类胡萝卜素在高浓度氧的器官内，有一种固有安全性的抗氧化活性。虾青素能阻断不饱和脂肪酸降解并防止自由基的生成，有效阻止不饱和脂肪酸过氧化，抑制脂质过氧化物的产生，使脂质过氧化水平降低 40%。虾青素保护细胞膜基质中的脂质免受光照氧化，抑制脂质过氧化物的产生，表现出比 β- 胡萝卜素和叶黄素更强的抗氧化能力。虾青素对二磷酸腺苷和 Fe^{2+} 诱导的脂质过氧化的抑制作用是 β- 胡萝卜素的 2 倍。虾青素还能通过提高对氧磷酶（PON，是结合在高密度脂蛋白上的一种有机磷三酯化合物水解酶，可以保护低密度脂蛋白的氧化）活性使具有抗氧化活性的还原型谷胱甘肽含量增加，防止脂质过氧化。

　　在体内试验中，把 1% 的虾青素添加到缺乏维生素 E 的大鼠饲料中，饲喂 2 ～ 4 个月后发现虾青素能弥补维生素 E 缺乏症引起的不足，避免机体发生脂质过氧化。与不缺乏维生素 E 组的大鼠相比，虾青素抑制大鼠肝匀浆线粒体脂质过氧化的作用要比维生素 E 强 100 倍。在体外试验中，虾青素能保护磷脂酰胆碱免于被氧化，延缓脂质体过氧化的时间。临床研究表明，低密度脂蛋白的氧化会促进动脉粥样硬化的发展，而虾青素的存在可以有效延长低密度脂蛋白被氧化的时间，预防动脉粥样硬化。在食物中添加虾青素还可以保护食物免受氧化损伤，在油脂体系内可以抑制促氧化酶活性、增强抗氧化酶活性。

　　4. 虾青素对线粒体和心肌细胞氧化损伤的保护作用

　　虾青素可提高人体的抗氧化能力，且对人体健康无害。虾青素不但对活性氧所致细胞膜损伤有保护作用，还对线粒体氧化损伤及氧化引起的细胞生存能力下降具有明显的保护作用。虾青素可明显降低过氧化氢诱导的心肌细胞氧化损伤，且呈剂量依赖性。其作用可能是通过提高细胞谷胱甘肽过氧化物酶活性，减少丙二醛的产生和对细胞造成的损伤来达成的。

5. 虾青素可增加抗氧化酶活性和蛋白质表达

虾青素可以增加细胞内抗氧化酶活性和蛋白质表达。不同剂量的虾青素使动物细胞内过氧化氢酶和超氧化物歧化酶的蛋白质表达均有显著增加，生物活性明显提高。在家兔饲料中添加虾青素后，测定家兔血清抗氧化酶活性，结果显示如摄入 10 mg/kg 剂量虾青素，就可以增强家兔体内的超氧化物歧化酶、硫氧还蛋白还原酶（此酶可维持内源性底物硫氧还蛋白处于还原状态，调节参与抗氧化防御、蛋白质修复和转录调节的信号转导途径）、谷胱甘肽过氧化物酶和对氧磷酶的活性，改善氧化应激损伤，显著降低机体各脏器组织丙二醛的产生，通过激活细胞内抗氧化系统保护成骨细胞免受过氧化氢诱导的氧化损伤。

6. 虾青素可降低膜通透性，限制氧化剂渗透进细胞

大量体外试验发现有亲水羟基和疏水长碳氢链的虾青素分子可横跨细胞膜，大大提高外层亲水内部疏水细胞膜的稳定性和机械强度，降低膜的通透性，限制过氧化物启动子，如过氧化氢、叔丁基过氧化氢等进入细胞，避免细胞中重要分子受到氧化损伤。

7. 虾青素可降低DNA的氧化损伤

8- 羟基鸟嘌呤可作为 DNA 氧化损伤的标志物。研究表明虾青素、β- 胡萝卜素、玉米黄质和番茄红素均能降低鸟嘌呤核苷被氧化的水平。虾青素对紫外线 A 诱导人皮肤成纤维细胞、黑素细胞和肠 Caco-2 细胞中 DNA 的突变具有保护作用。试验结果表明，在紫外线 A 辐照前，用 10 μmol/L 虾青素预孵育上述三种细胞均可明显降低紫外线 A 对 DNA 的损伤。

（二）虾青素的免疫调节作用

虾青素具有很强的免疫调节作用，可作为免疫增强剂使用，能显著影响动物的免疫功能，有效调节细胞浆液的释放。在人体试验中，虾青素也能刺激活化某一类别的淋巴细胞有丝分裂原诱导的淋巴细胞的增殖。虾青素对免疫细胞的影响可概括为：使淋巴细胞增殖活性增强、脾细胞增殖、外周血单个核细胞（PBMC，是外周血中具有单个核的细胞，包括淋巴细胞和单核细胞）增殖活性增强、血细胞吞噬能力增强、腹腔渗出细胞吞噬能力增强。虾青素是一种强免疫系统刺激剂，能增加迟发型超敏反应，显著减少DNA损伤。另外，在斑节对虾饲料中添加虾青素，喂养30天后，结果表明虾青素可提高斑节对虾的存活率。对其免疫指标进行检测，发现虾青素可提高斑节对虾体内酚氧化酶的活力。酚氧化酶是在氧分子存在下，能把酚类氧化成邻苯醌或对苯醌的酶。醌类可抑制微生物的感染，进行自我保护。

1. 虾青素可增加免疫细胞的数量

虾青素能诱导生物体通过增加免疫细胞的数量，提高免疫球蛋白的产生，从而增强自身的免疫力，调节免疫活性。动物试验表明：虾青素在 $2 \times 10^{-8} \sim 1 \times 10^{-7}$ mol/L 的浓度下，能显著刺激小鼠的细胞增殖反应。在对小鼠胸腺进行抗原刺激时，虾青素可显著提高小鼠免疫球蛋白M（IgM）和免疫球蛋白G（IgG）的数量。在有抗原存在时，虾青素还能促进脾细胞产生抗体，增加白细胞免疫球蛋白的产生。在对犬的饲喂试验中，虾青素明显提高了刀豆蛋白A（Con A，是一种糖类结合蛋白，对T淋巴细胞有激发作用）诱导的淋巴细胞的增殖活动，提高机体重要的免疫细胞——自然杀伤细胞（NK细胞）的细胞毒活性。利用雨生红球藻来源的虾青素饲喂家猫，发现虾青素喂养的家猫的外周血单个核细胞的数量及 CD3$^+$ T淋巴细胞数量和 CD4$^+$ 辅助性T淋巴细胞的数量也较高（CD3$^+$ 存在于所有成熟的T淋巴细胞表面，是成熟T淋巴细胞表面标志，一般用它来间接检测T淋巴细胞的数目，CD3$^+$ T淋巴细胞低了一般提示免疫力低下；CD4$^+$ 辅助性T淋巴细胞的主要功能是增强吞噬细胞介导的抗感染作用和增强B淋巴细胞介导的体液免疫应答）。对成年志愿者与足月新生儿的血液样本进行体外试验表明：虾青素可提高受T淋巴细胞依赖性刺激的外周血单个核细胞产生免疫球蛋白（IgA、IgM、IgG）

的能力。对运动员的试验同样显示补充适量的虾青素有利于增加运动员体内的免疫球蛋白 IgA 的含量，提高免疫力。

2. 虾青素可促使B淋巴细胞和T淋巴细胞增殖分化

虾青素可使 B 淋巴细胞和 T 淋巴细胞增殖分化能力提高，增强机体的免疫力，从而保护肝脏、抑制炎症细胞、控制炎症。虾青素可使胸腺细胞增殖，产生更多的 T 淋巴细胞；使 B 淋巴细胞群浓度增大，增加产生抗体的 B 淋巴细胞总数；使血清总白细胞增多，自然杀伤细胞亚群增多并增强自然杀伤细胞毒活性；使巨噬细胞数目增多。胸腺依赖抗原（TD-Ag）是在巨噬细胞和 T 淋巴细胞协助下，刺激 B 淋巴细胞产生抗体的抗原。天然抗原大多为胸腺依赖抗原，它们不仅能够引起体液免疫，还能引起细胞免疫，在产生抗体的同时产生免疫记忆。补充虾青素可以部分恢复老年小鼠胸腺依赖抗原反应时的抗体产生，有助于恢复老龄动物的体液免疫。给小鼠饲喂富含虾青素的雨生红球藻藻粉，会激活 T 淋巴细胞的应答，从而降低幽门螺杆菌对胃的附着和感染。在有抗原存在时，虾青素能明显提高脾细胞产生抗体的能力，增强 T 淋巴细胞的作用。虾青素免疫调节作用还可以作用于特异性免疫，如雨生红球藻虾青素能够增强淋巴细胞增殖能力等特异性免疫应答反应。

3. 虾青素可促进细胞因子的分泌

细胞因子和免疫球蛋白是免疫应答的效应分子，它们与效应细胞协同作用，实现对抗原的破坏或清除。虾青素可以通过促进细胞因子的分泌或免疫球蛋白的产生来增强生物体的免疫力。虾青素通过促进具有抗病毒、抗肿瘤和免疫调控作用的 γ 干扰素（IFN-γ）和能使 T 淋巴细胞持续增殖的白细胞介素 -2（IL-2）分泌来刺激免疫应答。动物试验表明，虾青素能明显增强小鼠脾淋巴细胞的功能，增强小鼠释放白细胞介素 -1（IL-1）和肿瘤坏死因子（TNF）的能力。IL-1 是一种细胞因子，由活化的巨噬细胞产生，能够刺激参与免疫应答的细胞增殖、分化并提高其功能。TNF-α 为促炎性细胞因子，可参与免疫应答。

4. 虾青素可增强淋巴细胞功能

虾青素提高和改善免疫功能主要是通过提高 T 淋巴细胞、B 淋巴细胞、自然杀伤细胞和巨噬细胞的水平，促进免疫球蛋白及抗体的产生来进行的。用国际通用的封闭群（ICR）小鼠进行灌胃试验，按每天 5 mg/kg 体重的量连续 30 天投喂虾青素，能够增强小鼠淋巴细胞、单核 - 巨噬细胞水平，从而增强其免疫能力；按每天 15 mg/kg 体重连续 14 周投喂虾青素，能够促进淋巴细胞中 γ 干扰素和 IL-2 的产生，从而提高淋巴细胞免疫应答。大负荷运动小鼠由于高强度运动造成的血清中免疫球蛋白（IgM、IgD、IgG、IgA 和 IgE）含量的减少，可通过喂食虾青素进行抑制，并可提高细胞的免疫功能，从而提高机体的免疫能力。虾青素有很强的诱导细胞分裂的活性。虾青素的三种立体异构体（左旋、右旋、内消旋）均能显著促进淋巴细胞的增殖能力、腹腔渗出细胞的吞噬能力和自然杀伤细胞的杀伤活性，说明虾青素对机体的固有免疫应答和适应性免疫应答均具有一定的促进作用，有利于免疫细胞的活化和增殖，从而产生免疫效应。

5. 虾青素可保护免疫细胞的完整性，防止免疫细胞受到损伤

单线态氧催化产生的大量自由基会损伤机体巨噬细胞的细胞膜结构，降低巨噬细胞的吞噬效率，使得机体的生理功能发生紊乱，从而降低机体免疫力。虾青素可以淬灭单线态氧，能够有效地清除自由基并防止过氧化链式反应的发生，阻止单线态氧作用于细胞膜以及所有生物膜上的不饱和脂肪酸，减少过氧化反应对细胞以及 DNA 造成的损害，改善人体的免疫力和健康状况。虾青素可以通过清除自由基，阻止人淋巴细胞的氧化应激反应来保护淋巴细胞。虾青素具有保护巨噬细胞、修复被活性氧损伤的巨噬细胞的作用。虾青素可以通过减少活性氧的产生，减轻由高糖和游离脂肪酸导致的氧化应激反应，恢复部分中性粒细胞的功能，大幅提高中性粒细胞的吞噬能力。总之，虾青素能够通过抗氧化作用保护免疫细胞的完整性，防止其受到损伤，确保机体正常免疫应答过程的进行。

6. 虾青素可抗感染、抑制免疫应答过度

虾青素可以显著影响机体免疫调节功能，具有重要的免疫调节作用。虾青素既可以抗感染（细菌、病毒），也可以抑制免疫应答过度而引起的炎症反应。例如，在虹鳟鱼的虾青素饲喂试验中发现：虾青素可以通过抑制病毒和活性氧导致的氧化应激而影响虹鳟鱼对病毒病原体的抗性，显著降低病毒感染导致的造血器官坏死死亡率。在小鼠的虾青素喂养试验中发现：虾青素可以抑制结肠炎相关的炎症因子的表达，包括在细胞的炎症反应、免疫应答等过程中起到关键性作用的核因子-κB（NF-κB，核因子-κB 的错误调节会引发自身免疫病、慢性炎症以及很多癌症），多向性的促炎性细胞因子 TNF-α 和促进 B 淋巴细胞增殖和分泌抗体的淋巴细胞刺激因子 IL-1β（细菌感染引起炎症反应时，机体最早分泌的抗炎因子中包含有 IL-1β）等。

7. 虾青素可通过抗氧化增强机体免疫能力

在高温胁迫试验中，每天补充膳食虾青素 80 ～ 320 mg/kg，可以明显增加体内超氧化物歧化酶、过氧化氢酶和协同免疫作用的蛋白质基因的表达，提高血清中超氧化物歧化酶的活性，抑制高温诱导的活性氧产生，增强非特异性免疫能力。

（三）虾青素的抗炎作用

炎症是身体抵抗感染和修复损伤组织的一种免疫反应，也是一种十分常见的病理过程。组织对损伤因子所发生的防御反应均被视为炎症。炎症是宿主的防御机制，也是身体损伤的反应，可以启动组织修复过程。但慢性炎症通常被认为是各种健康问题的根源，过度或不受控制的炎症可能对宿主细胞和组织有损害，包括导致动脉粥样硬化、皮肤损伤、神经变性、发生肿瘤与免疫失调等。无症状炎症与普通炎症不同之处在于我们感觉不到它们的存在和导致的疼痛。与慢性炎症、无症状性炎症相关的疾病很多，如心脏病、阿尔茨海默病、帕金森病、心血管疾病和糖尿病等。

虾青素制品能抑制多种炎症反应。与抗炎药物相比，虾青素可抗炎症且无毒副作用。用虾青素阻止各种炎症，作用平衡且温和，但一般需要大于一个月的使用才会达到效果。动物试验表明：虾青素可以抑制小鼠多种炎症反应，如可以显著减轻小鼠耳郭肿胀，抑制炎症早期的水肿和组织液渗出，有抗急性炎症的作用。虾青素可明显减小大鼠肉芽肿，抑制炎症晚期肉芽组织的生成和炎症增生；对由角叉菜胶诱导的大鼠急性胸膜炎抑制作用显著，可抑制胸腔液中白细胞、前列腺素 E_2（PGE_2）和血清中丙二醛的生成；对大鼠的胶原性关节炎有显著的预防和治疗作用，抗炎消肿作用明显，能减轻或减缓炎症反应，促进足跖炎症肿胀的吸收和消散。此外，虾青素还能减轻过敏性皮炎、抑制肠道炎症、缓解眼部炎症、减轻神经炎症并抑制细胞炎症。

1. 虾青素可通过抗氧化作用抗炎

虾青素的抗炎作用与其超强的抗氧化活性密切相关，许多抗氧化剂也有抗炎作用。虾青素通过激发免疫系统抵抗炎症，降低炎症过度反应，阻止生物系统炎症的发生，减少组织和器官的炎症。免疫细胞对氧化应激特别敏感，虾青素可抑制脂质过氧化反应和前列腺素 E_2 的生成，降低氧化应激对免疫细胞的损害。在炎症发生的情况下，活性氧和噬中性粒细胞均会导致抗氧化剂水平降低，脂质过氧化水平提高及氧化代谢产物增加，破坏原有的平衡。活性氧会加重运动引起的肌肉损伤炎症，但虾青素可抑制脂多糖（LPS）诱导的氧化活性、神经炎症反应和淀粉样变生成。关节疼痛和关节炎通常是自由基导致的氧化损伤所致，虾青素抗氧化作用能抵抗自由基氧化损伤所致的关节疼痛和关节炎。虾青素若与其他抗炎类药物同用会有同等或更好的效果，如与阿司匹林同时使用可加强阿司匹林的药效。虾青素在整个身体中的穿梭能力使其能够靶向许多高应激炎症区域，如心脏、大脑、眼睛和皮肤等，从而发挥抗炎作用。活性氧和氮氧物质过量产生会使体内氧化剂与抗氧化剂的平衡失调，导致细胞膜、蛋白质和 DNA 被破坏。虾青素可使超氧化物歧化酶活性上升，催化乳酸和丙酮酸之间氧化还原反应的乳酸脱氢酶（LDH）活性下降，减少自由基的产生。

2. 虾青素通过影响肠道菌群的结构和组成平衡抗炎

炎症反应通常与微生物有关，肠道中有无数细菌菌株，它们通常与宿主和谐共存，但细菌群体的任何实质性转变都会对炎症反应产生相当大的影响并可能促进肿瘤发展。在小鼠中，虾青素通过调控一系列炎症相关信号通路基因和蛋白质的表达，影响肠道菌群的结构和组成平衡，可以显著改善肝、肠组织的内环境，促进小鼠血液中促炎性细胞因子含量下降，使得血液中内毒素的含量显著降低而达到抗炎的效果。

3. 虾青素可激发免疫、抵抗炎症

在脊椎动物体内参与非特异性免疫和特异性免疫的巨噬细胞，以固定细胞或游离细胞的形式对细胞残片及病原体进行吞噬作用，并激活淋巴细胞或其他免疫细胞。巨噬细胞在抵抗炎症过程中的吞噬和诱导激活作用是非常重要的。炎症大多是由细菌的入侵引起的，虾青素可以抑制由细菌脂多糖引起的氧化应激所激发的炎症因子的表达，增强巨噬细胞对脂多糖的敏感性，从而增强机体预防和抵抗炎症的能力。虾青素与大部分抗炎药物相比，有同等的效果或效果更佳。此外，虾青素在黏膜免疫损伤个体中还可发挥出显著生理调节作用。虾青素可以降低 DNA 损伤的标志物和急性期蛋白，刺激淋巴细胞增生，提高自然杀伤细胞的细胞毒活性，增加细胞亚群总数，从而加强机体免疫响应。年轻运动员在运动前补充虾青素，可增强其唾液免疫球蛋白的响应，减少肌肉损伤，从而避免由严格的体育训练导致的炎症反应。

4. 虾青素可抑制炎症因子

虾青素在增强巨噬细胞活性时，还通过抑制核因子 -κB 和炎症因子（IL-6 等）水平来促进细胞增殖。核因子 -κB 可参与调控炎症因子、趋化因子等的表达，在炎症反应、自身免疫反应、细胞增殖与凋亡及肿瘤的发生发展等方面均发挥重要作用。核因子 -κB 与过敏性哮喘、过敏性鼻炎等气道炎症疾病的发生发展密切相关。小胶质细胞是大脑的常驻巨噬细胞，并且密切参与中枢神经系统的免疫应答。中枢神经系统反应随着年龄的增长会有所失调，其特征表现为在没有免疫刺激的情况下促炎性细胞因子的基础输出升高，使小胶质细胞活化的调节信号不敏感，造成神经组织损伤。虾青素可以特异性调节小胶质细胞的功能。促炎性细胞因子浓度的增加与抗炎介质的减少是老年大脑的部分特征，同时也是许多神经退行性疾病的病理特征。试验表明，通过对老龄大鼠饲喂虾青素，可降低老年雌性大鼠海马和小脑中炎症因子 IL-1β 的浓度。补充虾青素还可以改变细胞因子活性，从而达到治疗神经性疾病的目的。虾青素可通过不同通路（如核因子 -κB、白介素、干扰素、T 淋巴细胞和 B 淋巴细胞等），降低促炎性细胞因子的产生，抑制炎症；也可通过促进抗炎细胞因子的产生，维持促炎性细胞因子与抗炎细胞因子之间的动态平衡，避免炎症过激反应与损伤的发生。

此外，虾青素还可抑制脓毒症的炎症反应。虾青素预处理能够减轻由脓毒症引发的小鼠炎症，显著降低脓毒症小鼠的死亡率。大鼠试验也表明虾青素可通过抑制炎症因子的释放从而抑制脓毒症时的炎症反应和氧化反应，进而减轻各组织和器官的功能损伤，降低腹腔细菌负荷，提高盲肠结扎和穿刺诱导的脓毒症大鼠的存活率，对重要器官功能具有保护作用。

5. 虾青素对产生炎症物质酶的抑制

持续氧化应激是导致慢性炎症的关键机制。紫外线诱导的皮肤炎症主要原因是细胞内活性氮氧物质的产生和角质细胞的凋亡。虾青素会引起诱导型一氧化氮合酶（iNOS）和环氧合酶（COX-2）水平显著降低（在损伤后诱导表达的诱导型一氧化氮合酶是利用一氧化氮的氧化应激自由基，协助巨噬细胞在免疫系统中对抗病原体的酶；环氧合酶是花生四烯酸代谢过程中产生炎症介质白三烯和前列腺素的限速酶），并且在紫外线照射后降低角质细胞中前列腺素 E_2 的释放，进而抑制角质细胞的凋亡。虾青素对诱导型一氧化氮合酶和环氧合酶的抑制作用对于炎症疾病中皮肤抗炎药物的开发具有重要意义。

6. 虾青素对人体抗炎的作用

虾青素对人体内许多炎症介质有影响，作用温和、不太集中，在抗炎过程中没有副作用。虾青素被人体使用后，可通过抑制血清促炎性细胞因子的释放，提高血清抗炎细胞因子的水平。经过虾青素治疗后，核因子-κB 和炎症因子（IL-6 等）的水平有下降趋势，且体外细胞显著增殖。虾青素能明显地抑制细菌侵蚀和减轻胃炎症状。使用虾青素可以提高关节的灵活性并降低疼痛。类风湿性关节炎是一种自身免疫性疾病，患者自身免疫系统会攻击自己。接受天然虾青素治疗的受试者在 4 周后的自我评定中对日常活动能力的满意度得分提高了约 15%，8 周后提高了 40%。这些结果表明虾青素类膳食补充剂应是治疗类风湿性关节炎的有效补充物。对于腕管综合征、肌腱炎，虾青素也有效。虾青素可以改善与炎症成分、氧化损伤密切相关的哮喘症状和前列腺增生。口腔扁平苔藓是一种影响口腔黏膜的慢性炎症疾病，并可导致其他疾病的产生和恶化，虾青素可以通过减轻炎症来改善口腔扁平苔藓的产生。在不同炎症状态的临床研究中，天然虾青素已被证明对大多数人是有效的，且没有任何副作用或禁忌证。使用剂量一般建议为每天 4 ～ 12 mg，也可以超过这一建议剂量，唯一潜在的影响可能是手掌和脚底有轻微的橙色，这是由虾青素中的色素沉积在皮肤中造成的，但这种影响还可起到内部防晒的作用。测试表明：补充天然虾青素可使受试者体内炎症活动的标志物 C 反应蛋白（CRP）水平在 8 周内下降 20.7%，三个月后，接近一半的受试者体内的 C 反应蛋白水平从高风险恢复到正常水平。总之，天然虾青素可以帮助患有严重炎症的人改善症状，提高健康水平。

（四）虾青素对中枢神经系统的保护作用

随着人们对天然来源的抗氧化剂对保持身体健康的重要性和对开发能够增强大脑功能的"大脑食物"的关注度的增加，越来越多的人了解到虾青素的作用。虾青素不但具有强大的抗氧化能力，而且是目前发现的唯一能通过血脑屏障的类胡萝卜素，容易通过血脑屏障和细胞膜发挥作用，因此它对大脑的抗氧化保护优势非常明显。可以直接作用于神经细胞，对神经有保护作用，尤其是对大脑和脊髓作用显著。虾青素在中枢神经系统中可以发挥抗氧化、抗炎症、抗凋亡的作用，对中枢神经系统损伤具有潜在的治疗作用。

在大脑、脊髓等中枢神经系统中，有大量的不饱和脂肪酸和脂质物质，在代谢和运动中很易受到氧化剂的氧化损伤，会导致中枢神经疲劳及许多神经系统疾病的发生，而具有高抗氧化作用的虾青素可以通过抗氧化作用对抗这些易氧化的物质而具有保护作用。摄入富含虾青素的食物能降低运动性中枢疲劳及患相关疾病的风险。虾青素在一定范围内可以减弱过氧化氢诱导的细胞活力损失，对缺血再灌注引起的脑损伤具有明显的神经保护作用，从而有效治疗脑缺血、再灌注损伤、脊髓损伤、帕金森病、阿尔茨海默病等中枢神经系统损伤疾病。

1. 虾青素的神经保护作用

长期的慢性神经炎症可导致神经元损伤，持续积累对神经有毒性的促炎性细胞因子会产生神经变性。尽管不同的神经变性疾病具有多种致病因素，但它们具有一些共同特征，即由线粒体损伤引起的神经元细胞中活性氧水平的增加和与氧相互作用的氧化还原金属的释放，使促炎性细胞因子和促氧化剂释放，导致细胞内细胞器形态和功能的改变，进而导致神经退行性病变的发生和发展，最终导致神经元细胞的死亡。由于氧化损伤和增加的神经炎症与神经变性疾病中迟发性巨大神经元坏死的发病机制密切相关，因此具有抗氧和抗炎作用的虾青素在这些疾病的预防和联合治疗方面具有神经保护作用。虾青素能明显减轻脑创伤、脑缺血性损伤、脑缺血再灌注等中枢神经系统损伤后的炎症反应，发挥神经保护作用。 研究表明虾青素对抗缺血性脑损伤的机制为通过阻止脑部的氧化应激反应，减少谷氨酸盐的释放，进而抑制细胞凋亡。电镜观察显示，虾青素还能减轻神经元超微结构的损伤。在人工形成缺血性脑损伤前，将虾青素注射到实验鼠体内，两天后与未注射虾青素的实验鼠比较，结果显示虾青素能显著增强脑损伤后成年鼠的活动能力，并降低脑梗死概率。

2. 虾青素对脊髓损伤后炎症反应的影响

用虾青素治疗脊髓损伤，可以明显降低脊髓组织中过氧化物酶的活性，降低促炎性细胞因子 TNF-α、IL-1β 和 IL-6 等的含量和蛋白质表达，并降低脊髓组织含水量，抑制脊髓损伤后的中性粒细胞浸润和炎症反应，减轻脊髓水肿和脊髓组织超微结构的损害程度，增强脊髓组织对缺血的抗损伤能力，促进脊髓损伤后运动功能的恢复，有效保护脊髓组织和神经系统。

3. 虾青素对神经变性疾病的作用

最常见的神经变性疾病包括阿尔茨海默病、帕金森病、以不自主运动精神异常和进行性痴呆为主要临床特点的亨廷顿病以及肌萎缩侧索硬化。虾青素可以促进神经的形成并改善人脑的健康，但其影响效果会随着年龄的增长而显著降低。

（1）虾青素对帕金森病的效应。帕金森病是中老年人群中最常见的一种中枢神经系统退行性疾病，其病理学特征为病人脑中选择性的黑质多巴胺使神经元变性凋亡，残存的神经元中出现帕金森病特有的球状嗜酸性路易小体，显微镜下为圆形粉红色均质状结构。尽管目前帕金森病的发病机制尚不清楚，但已有大量研究证实线粒体功能障碍和氧化应激参与了帕金森病的发病机制。氧化胁迫是帕金森病以及肌萎缩侧索硬化等神经系统疾病诱发的主要原因并具有促进作用。虾青素在帕金森病的治疗中具有神经保护作用，可通过抗氧化和抗炎机制发挥其抑制神经毒剂 1- 甲基 -4- 苯基吡啶（MPP$^+$）诱导的神经毒性损伤作用。给小鼠饲喂天然虾青素的试验表明：虾青素对帕金森病等神经性疾病具有预防和治疗作用的可能机制是虾青素穿过血脑屏障，在血脑屏障外产生抗氧化活性，防止氧化对中枢神经系统造成损伤。

（2）虾青素对阿尔茨海默病具有一定的治疗效果。虾青素在原代培养的海马神经元中，能够抑制可溶性 β- 淀粉样蛋白（Aβ）寡聚体诱导的活性氧产生，减少磷脂氢过氧化物在病人体内的积累，进而保护神经元。对 β- 淀粉样蛋白诱导的阿尔茨海默病大鼠灌胃 21 天后，虾青素

（25 mg/kg）显著提高了大鼠海马组织中超氧化物歧化酶活性，降低了乳酸脱氢酶、丙二醛及磷酸化 Tau 蛋白（Tau 蛋白是含量最高的微管相关蛋白，阿尔茨海默病患者脑中的 Tau 蛋白异常过度磷酸化，从而丧失了正常生物功能）含量，抑制了阿尔茨海默病大鼠海马组织的氧化应激损伤，对阿尔茨海默病具有一定的治疗效果。

4. 虾青素可医治创伤性颅脑损伤

创伤性颅脑损伤是指由于颅脑受到外部暴力，导致大脑病理生理学的改变，进而引起大脑功能受损，具有较高的致残率、死亡率，常常严重损害神经系统功能，导致患者愈后不佳。虾青素可通过阻止脑部的氧化应激反应，减少谷氨酸盐释放，抑制细胞凋亡来对抗缺血性脑损伤。虾青素可通过发挥多种保护机制对抗神经系统损伤，如抗氧化应激、抗炎、抗细胞凋亡、减轻脑水肿，在治疗原发性及继发性脑损伤方面有着良好的作用。试验表明：给创伤性颅脑损伤动物模型口服虾青素后，皮质中的病变大小和神经元丢失程度降低，大脑皮层中脑源性神经营养因子、突触蛋白和突触素的水平得到恢复，神经元的存活率和可塑性都得到了提高，从而促进了认知功能的恢复。使用虾青素后，创伤性颅脑损伤患者的继发性脑损伤级联反应、神经元变性、血脑屏障破坏、脑水肿和神经功能障碍等症状均得到了改善。研究表明虾青素还可改善动物的认知、感觉及运动功能，提高神经系统敏感性。虾青素能显著增强脑损伤后成年鼠的活动能力。通过给予闭合性严重颅脑外伤小鼠模型虾青素治疗 24 h 后，小鼠大脑的氧化应激损伤、脑水肿、血脑屏障破坏及细胞凋亡水平均较对照组有明显下降。

5. 虾青素能改善红细胞抗氧化状态、预防痴呆

虾青素可以通过改善血液流向，使大脑受限的老鼠部分功能得到提高。虾青素对改善血管性痴呆可发挥有益的作用。缺血小鼠在水迷宫中的学习行为测试试验发现：用虾青素预处理可大为缩短缺血小鼠的逃脱期，对缺血小鼠具有显著的神经保护作用。运动过程中产生的氧自由基及代谢产物会对中枢神经系统产生损伤，摄入富含虾青素的食物能降低运动性中枢疲劳及患相关疾病的风险。虾青素可降低红细胞中磷脂氢过氧化物（PLOOH）的异常累积，PLOOH 是磷脂的主要氧化物，在红细胞中过量累积会导致红细胞向大脑供氧减少。研究发现经虾青素治疗后，试验组人群红细胞中 PLOOH 水平较对照组有明显下降，表明虾青素可以改善红细胞抗氧化状态，有助于预防痴呆。虾青素具有良好的血脑屏障通透性，对神经系统表现出潜在的保护作用。认知功能受损是创伤性脑损伤患者的常见症状，许多体内外的研究显示虾青素可减轻认知障碍。

（五）虾青素可预防心脑血管疾病

低密度脂蛋白氧化后形成的血垢是导致动脉粥样硬化和心血管疾病的重要因素。高密度脂蛋白可延缓低密度脂蛋白的氧化，从而有效防治动脉粥样硬化和心血管疾病。虾青素可以抑制和减少低密度脂蛋白的氧化，增加高密度脂蛋白，减轻巨噬细胞的炎症反应，减少动脉粥样硬化斑块的形成，从而降低动脉粥样硬化的发病率。在小鼠试验中，虾青素可增加心脏线粒体膜电位，降低血浆中 IL-1α 和 TNF-α 等的水平，从而对心脏起到一定的保护作用。

1. 虾青素可预防动脉粥样硬化

动脉粥样硬化是心血管疾病的主要常见类型，是冠心病、脑梗死、外周血管疾病的主要成因。氧化应激和炎症反应是致使动脉粥样硬化的主要原因，许多炎症信号通路与动脉粥样硬化的早期发生、病变进展以及最终的急性并发症的发生有关。虾青素作为抗氧化剂可有效防止氧化应激和炎症的发生，保护心血管健康。虾青素可以通过超强抗氧化作用来抑制和逆转动脉粥样硬化，使泡沫细胞逐渐恢复成血管的平滑肌细胞，从而恢复血管弹性。虾青素可以抗缺氧，减少巨噬细胞在动脉斑块中的渗入，防止粥样物的形成，起到抗高血压、稳定斑块的效应。虾青素可以促进胆固醇的逆行转运，进而减少主动脉窦斑块面积和主动脉胆固醇含量，抑制动脉粥样硬化和血栓的形成。

2. 虾青素能抑制低密度脂蛋白氧化

人体中低密度脂蛋白浓度越高，加之血小板沉积使血管变细、阻碍血流速度，机体患动脉粥样硬化的风险就越大。血液中高密度脂蛋白则有相反的作用，可以阻止动脉粥样硬化的发生。虾青素在机体内具有显著升高高密度脂蛋白、降低低密度脂蛋白的功效。动物试验表明：在老鼠的饮食中添加虾青素后，高密度脂蛋白的含量明显增加，而添加其他类胡萝卜素对高密度脂蛋白含量没有影响。虾青素可以调节血液中的胆固醇含量，预防动脉粥样硬化，强化机体的能量代谢。对高胆固醇男性的临床试验表明：每天补充 4 mg 虾青素，连续补充 30 天后，使用虾青素的受试者总胆固醇和低密度脂蛋白平均下降了 17%，甘油三酯平均下降了 24%。

通常低密度脂蛋白以非氧化状态存在，氧化型低密度脂蛋白可使细胞转化成泡沫细胞并且出现脂纹。炎症血管壁泡沫细胞的存在将导致氧化能力增强、周围平滑肌细胞增生以及动脉变窄，是导致动脉粥样硬化的重要原因。体外和临床试验证明：为预防低密度脂蛋白的氧化，每人每天口服 3.6 mg 虾青素，连续 2 周，高密度脂蛋白的含量可由原来的（49.7±3.6）mg/dL 增加至（66.5±5.1）mg/dL。虾青素还可通过抑制低密度脂蛋白的氧化来降低患动脉粥样硬化的风险，预防动脉粥样硬化和冠心病。研究发现：将虾青素和维生素等抗氧化剂添加到老鼠饮食中，可以抑制低密度脂蛋白的氧化，从而降低动脉粥样硬化的发病率。虾青素主要通过增加高密度脂蛋白，减少低密度脂蛋白被氧化，减轻巨噬细胞的炎症反应，减少粥样硬化斑块的形成和破裂，改善血流等方式对动脉粥样硬化、冠心病等心血管疾病起到预防作用。

3. 虾青素对心脑血管的保护作用

虾青素对心肌缺血动物的心脏具有显著的保护作用。虾青素能充分提高一氧化氮的水平和生物利用率，缓解血管内皮紧张度，舒张血管，保护血管。虾青素可能通过减少谷氨酸盐的释放、抑制氧化应激来改善缺血性脑损伤及细胞凋亡等神经性病变。虾青素能延迟自发性高血压脑卒中的发生，通过降血压和抑制血栓，对心肌梗死及动脉粥样硬化等心血管系统疾病具有预防和治疗作用。对大脑动脉闭塞的大鼠，通过侧脑室注射虾青素作为预处理，可发现虾青素在脑卒中发生 70～75 min 后就能够到达脑梗死区域，提高脑卒中大鼠的自主活动力，减少脑梗死面积。虾青素具有强效抑制脂质过氧化的作用，能够抑制动脉粥样硬化斑块和血栓的形成，可用于缺血性脑损伤的预防和辅助治疗。

4. 虾青素有助于预防高血压

虾青素主要通过超强抗氧化作用防止血栓的再形成，继而打开被堵塞的侧支循环，扩大血液容量，从而持续性缓慢降低血压。虾青素对自发性高血压大鼠的抗高血压效应研究表明：连续喂食虾青素 14 天后，可使高血压大鼠动脉血压显著降低，并能减少易卒中型自发性高血压大鼠脑卒中的发病率，对脑缺血损伤大鼠具有神经保护作用；对易卒中型高血压大鼠连续喂虾青素（50 mg/kg）5 周，大鼠血压显著降低，同时也延迟了高血压大鼠脑卒中的发生。虾青素可以调节血液流变性和交感神经肾上腺素受体通路，保证 α- 肾上腺素受体的敏感正常化，具有抗高血压和减少肾素 - 血管紧张素系统活动的能力，减弱血管紧张素 II（Ang II）和活性氧引起的血管收缩，修复血管紧张状态，达到抗高血压效应。虾青素在减轻高血压发展的同时，还有助于保护大脑免受脑卒中和缺血性损伤。一氧化氮是炎症的一个重要诱因，虾青素在通过调节一氧化氮控制炎症的同时，还能抑制肾上腺素能受体和血管紧张素 II 的功能来控制血压。虾青素有助于提高高血压患者的血液流动性，并恢复血管张力，起到一定的缓解效果。

（六）虾青素在缺血再灌注损伤方面的保护作用

缺血再灌注（I/R）损伤是指器官缺血一段时间后，当血液开始向器官供应时所造成的组织损伤。特定区域缺血一段时间后会形成病理微环境，随后血液循环的恢复会导致炎症反应的激活和氧化损伤的产生，而不是恢复到正常状态和功能。缺血再灌注损伤导致体内防御机制受到抑制，活性氧分泌激增，复氧细胞无法处理这种自由基负荷之间的不平衡。在这种情况下，细胞凋亡程序被激活，导致多器官衰竭。再灌注血液中一氧化氮与氧反应所产生的过量羟自由基、超氧化物和过氧亚硝酸盐使内皮损伤加重。虾青素对氧化应激诱导的肾小管上皮细胞毒性和缺血再灌注所致小鼠肾损伤有保护作用。体外试验表明：当虾青素浓度为 250 nmol/L 时，可抑制 100 μmol/L 过氧化氢诱导的肾小管上皮细胞活力下降。小鼠经虾青素灌胃预处理 14 天后，可明显防止缺血再灌注引起的组织学损伤。预处理后，小鼠的组织学评分、凋亡细胞数及 α- 平滑肌肌动蛋白表达均明显降低。缺血再灌注动物模型灌胃给予虾青素的治疗研究表明：虾青素可减少器官梗死面积，降低动脉血压和患脑卒中的风险。临床研究中应用不同的诱导模型经缺血再灌注证实了虾青素在口服或静脉给药后潜在的保护作用，如虾青素能减轻股动脉缺血再灌注后的肌肉损伤，还可改善大脑缺血再灌注后的学习记忆障碍。人脑内的海马分为四个区，虾青素能挽救海马 CA1 和 CA3 两个区存活的锥体神经元数量，使海马中丙二醛含量降低，还原型谷胱甘肽和超氧化物歧化酶水平升高。

　　在肝脏缺血再灌注试验中，用虾青素治疗可显著降低缺血再灌注损伤后黄嘌呤脱氢酶向黄嘌呤氧化酶的转换及组织蛋白质羰基水平。肝脏缺血再灌注损伤常见于失血性休克、肝脏肿瘤切除、肝移植手术中，能否有效避免缺血再灌注损伤对肝胆外科手术的成功与否十分关键。肝脏缺血再灌注损伤与肝细胞、活性氧、炎症因子等有关。越来越多的数据表明，活性氧和炎症因子是诱导肝脏缺血再灌注损伤的关键因子。虾青素能明显抑制缺血肝组织中黄嘌呤脱氢酶转换为黄嘌呤氧化酶，说明虾青素可以通过抗氧化作用改善肝脏缺血再灌注损伤。分别给予小鼠 16 天的 30 mg/kg 和 60 mg/kg 虾青素预处理，外科手术后测定丝裂原活化蛋白激酶（MAPK）家族关键蛋白含量。结果显示：虾青素通过下调丝裂原活化蛋白激酶家族相关蛋白活性，降低活性氧和炎症因子的释放，进而抑制细胞凋亡和自噬，降低了肝脏缺血再灌注损伤。

（七）虾青素有减轻肺纤维化的功能

虾青素在体内可通过阻止活化细胞的分化转移、抑制增殖及促进凋亡，明显改善体内肺泡结构，减轻胶原沉积，缓解或阻止肺纤维化。虾青素可显著减轻盲肠结扎穿孔术导致的小鼠急性肺损伤，其机制可能与虾青素抑制炎症反应、细胞氧化/硝化应激和肺细胞凋亡有关。虾青素通过降低调节细胞生长和分化的转化生长因子 $-\beta_1$（$TGF-\beta_1$）水平，可明显抑制博来霉素诱导的大鼠肺纤维化。虾青素通过提高机体的抗氧化能力、下调促纤维化因子 $TFF-\beta_1$ 的表达，可有效减轻放射性肺纤维化。虾青素还能抑制肺实质变形和胶原沉积，通过促进依赖于线粒体动力相关蛋白介导线粒体分裂的成肌纤维细胞凋亡，阻止肺纤维化。

虾青素作为结构明确、功效明显的新型生物制品，对预防肺炎、减轻症状、增强体质以及加快康复等都具有积极的意义。虾青素可提高自身免疫力，增强抵御病毒侵染的能力并降低病情加重的风险。一方面，虾青素可以通过增加免疫细胞数量、促进细胞因子分泌、提高免疫球蛋白水平来增强机体免疫力；另一方面，虾青素也有可能在对抗"细胞因子风暴"或"炎症风暴"中发挥抗炎作用。"炎症风暴"是一种由细胞因子与免疫细胞间的正反馈循环而产生的免疫反应，是机体的免疫系统从"自我保护"演变为"过度保护"的状态。多项研究已表明，虾青素确实能够通过多种机制降低炎症因子 $IL-1\beta$、$IL-2$、$IL-6$、$IL-8$ 和 $TNF-\alpha$ 等的过度产生，减缓促炎性细胞因子所致的急性细胞或器质性损伤，降低脓毒症的致死率，有效保护肺部组织。虾青素具有强大的抗氧化活性和细胞保护作用。内毒素诱导的葡萄膜（包括虹膜在内的眼睛中间层）炎（EIU）大鼠试验和体外培养的 RAW264.7 巨噬细胞试验都表明，虾青素对葡萄膜炎具有剂量依赖性的抗炎作用，使用 100 mg/kg 的虾青素和使用 10 mg/kg 的肾上腺皮质激素泼尼松龙的抗炎作用相当。其抗炎作用有可能是通过阻断一氧化氮合酶活性，抑制一氧化氮、前列腺素 E_2 和 $TNF-\alpha$ 的产生来达成的。最近一项研究报道也证实虾青素可以减轻脂质和多糖的复合物——脂多糖所致急性肺损伤的炎症反应。总之，虾青素在提高免疫力和抗炎方面已显示了很好的应用前景。

（八）虾青素对肝病、肾病的干预作用

肝脏和肾脏通过清除有害物质帮助身体排毒。肝脏的关键功能之一是氧化脂肪以产生能量。肝脏也能消灭致病细菌和病毒，并能消灭死去的红细胞。但所有这些功能都能引发大量自由基的释放，这就需要抗氧化剂的保护，而虾青素就是肝细胞的有效抗氧化剂。在高胆固醇饮食中适当添加虾青素会增加肝脏抗氧化活性并降低脂质过氧化物酶的浓度。虾青素不仅可以帮助肝脏对抗游离放射性物质的氧化作用，同时还可以使肝脏产生某种有助于防止肝癌形成的酶。肝脏作为外周时钟系统的主要器官，控制着组织的代谢节律。节律循环通过核受体介导调节脂肪酸与胆固醇的合成与代谢，从而改善脂质代谢。用高脂、高胆固醇饲喂小鼠会导致脂代谢负荷增加，同时还会破坏正常的脂质波动规律。虾青素能够调节由高脂导致的生物钟节律紊乱的相关基因，对高脂所致节律紊乱具有改善作用。虾青素还能够缓解或修正脑和肌肉芳香烃受体核转运体样蛋白1以及肝脏脂质代谢关键基因表达的紊乱。虾青素对生物钟的调节作用可能与虾青素能增强调节基因转录的过氧化物酶体增殖剂激活受体α（PPARα）的活力有关。

肾脏作为人体重要器官，在调节水平衡，维护身体电解质平衡和酸碱平衡，清除体内新陈代谢的产物、某些废物和毒物，以及保证机体内环境的稳定和正常新陈代谢方面具有重要作用。在身患疾病或服用药物时，肾脏功能极易受损，进而危害患者的健康。虾青素能诱导肾脏释放有益的酶，显著降低肾脏组织的氧化应激和炎症反应，对肾病具有干预作用。

1. 虾青素可缓解肝部炎症及肝损伤

虾青素的抗氧化特性可以使大鼠肝脏中超氧化物歧化酶和谷胱甘肽过氧化物酶的含量显著增加，保护大鼠免受肝脏损伤。小鼠试验表明：

虾青素可通过调节肝组织中抗氧化酶的 mRNA 表达，缓解脂多糖引起的肝脏氧化应激反应，从而减轻急性肝损伤，保护小鼠肝细胞形态，提高肝脏抗氧化水平。虾青素还能够抑制大剂量对乙酰氨基酚引起的炎症反应，修复受损细胞膜，降低肝细胞膜通透性和转氨酶的含量，抑制脂质过氧化反应并提高体内超氧化物歧化酶、谷胱甘肽过氧化物酶等酶的活性，起到保护肝脏的作用。试验表明：对于由链佐星诱发的糖尿病大鼠，虾青素可通过阻止晚期糖基化终产物的形成和抗炎作用，对糖尿病引发的肝功能损害起到抑制作用。虾青素对肝脏缺血再灌注损伤的改善主要通过抗氧化功能及抑制细胞凋亡来实现。在连续用虾青素饲喂大鼠 14 天后，中断大鼠左侧肝叶供血 60 min 再灌注，电镜观察发现虾青素表现出降低大鼠肝脏实质细胞损伤、线粒体肿胀及粗质内质网紊乱的作用。

2. 虾青素对非酒精性脂肪性肝病的干预作用

非酒精性脂肪性肝病（NAFLD）是最常见的慢性肝病，病程上可从单纯的脂肪性变性发展到非酒精性脂肪性肝病，甚至肝硬化、肝癌。非酒精性脂肪性肝病与肥胖、高脂血症、Ⅱ型糖尿病密切相关，被认为是代谢综合征在肝脏中的表征，已经成为一个严重的社会健康问题。脂联素是一种胰岛素增敏激素，能抗动脉粥样硬化和炎症。虾青素可使脂联素的含量明显升高，并使与肝损伤及脂肪堆积相关酶的水平显著降低，从而使肝脏组织中脂肪堆积现象减轻，对非酒精性脂肪性肝损伤具有明显的保护作用。大鼠试验表明：虾青素可通过降低大鼠肝组织中的丙二醛和谷胱甘肽巯基转移酶（GST）水平，提高还原型谷胱甘肽水平和超氧化物歧化酶活性，进而提高抗氧化能力，缓解四氯化碳诱导的大鼠慢性肝损伤。用 5 μg/mL 虾青素预处理小鼠，可降低过氧化氢诱导产生氧化应激反应的小鼠肝脏原代细胞的凋亡率，提高细胞中超氧化物歧化酶和谷胱甘肽过氧化物酶活性，从而保护肝脏。在小鼠试验中，虾青素通过调控一系列炎症相关信号通路基因和蛋白质的表达，影响小鼠肠道菌群的结构和组成的平衡，可显著改善肝、肠组织的内环境，促进小鼠血液中促炎性细胞因子含量下降，引起血液中内毒素含量、肝损伤及脂肪堆积相关酶水平显著降低等一系列变化，证实了虾青素对非酒精性脂肪性肝病的干预作用。此外，虾青素能够减轻过多的肝脏脂质积累和过氧化，激活星状细胞以改善肝脏炎症和纤维化。

非酒精性脂肪性肝病发病机制的"二次打击"学说认为：肝脂肪变性是"初次打击"，细胞内氧化应激反应会导致"二次打击"。高脂、高胆固醇饮食会引起脂质显著积累和氧化应激，并可诱发非酒精性脂肪性肝病等多种慢性代谢疾病。虾青素能改善高脂饮食所致的肝脏氧化应激状态和脂质过氧化，从而打破高脂小鼠的肝脏氧化应激和末端激酶激活的恶性循环。试验显示：高脂饲喂12周后，小鼠体质量、肝脏指数和肥胖指数均显著增加，用虾青素干预，能显著抑制高脂、高胆固醇饮食诱导的肝脏指数、肥胖指数的增加。虾青素还能降低小鼠肝脏总胆固醇（TC）和低密度脂蛋白胆固醇（LDL-C）浓度，提高高密度脂蛋白胆固醇（HDL-C）浓度和血清谷丙转氨酶（ALT）、谷草转氨酶（AST）活力，从而降低血脂水平，改善脂质代谢，缓解肝脏损伤。同时，虾青素干预也可增加胆固醇7-α-羟化酶的表达量，促进胆固醇氧化。在代谢途径上，虾青素还能降低脂肪酸合成限速酶的表达，抑制脂肪酸的合成。此外，虾青素也能降低胆固醇合成关键酶在肝脏中的表达，减少内源性胆固醇的合成，同时促进胆固醇氧化生成胆酸，促进胆固醇的分泌与排出。

3. 虾青素对急性肾损伤的保护

向诱导急性肾损伤的大鼠饲喂虾青素，从血清尿素氮、肌酐、超氧化物歧化酶、蛋白质和膜脂过氧化水平（丙二醛）以及肾脏匀浆酸性磷酸酶活性等指标测定其肾功能状况，并结合肾脏组织病理学的显微和超微结构等结果，发现虾青素不但安全、无毒性，还可对部分（约1/3）急性肾损伤的雄性大鼠近曲小管细胞质膜断裂、线粒体溶解、内质网膨大水肿等产生显著减轻作用，明显降低血清中尿素氮和肌酐水平。研究还发现虾青素的作用并非是通过抗氧化途径来实现的，而是通过一条溶酶体和酸性磷酸酶的新途径来实现预防或修复肾功能损伤的作用。

（九）虾青素对视力的保护作用

随着年龄的增长，人体的抗氧化能力会逐渐减弱。一些眼科疾病，如白内障、年龄相关性黄斑变性等，都与人眼内的晶状体或视网膜色素上皮细胞的氧化损伤有关。虾青素可保护眼睛，淬灭眼部的单线态氧，防止视网膜损伤，预防视网膜组织的氧化并改善视网膜功能，在预防和治疗眼部疾病、保护眼睛等方面具有良好的效果。虾青素的抗氧化活性高于对多种眼疾有治疗效果的视黄醇（维生素 A）和 β- 胡萝卜素。针对视黄醇缺乏症的大鼠试验表明，虾青素能转化为视黄醇和类胡萝卜素，从而起到对视网膜的保护作用，防止夜盲症的发生和视力减退。蓝光作用于人的视网膜时，光氧化产生的单线态氧和氧自由基会对视网膜中含有的多不饱和脂肪酸产生过氧化损伤，导致视网膜细胞膜功能受损，对视网膜细胞造成暂时或永久性损伤。在饲喂虾青素的大鼠视网膜中可发现虾青素的存在，由此证明虾青素可以穿过血脑屏障进入大脑，然后通过血视网膜进入眼底，到达视网膜和黄斑区域，有效防止视网膜氧化和感光器细胞损伤，对眼睛起到保护作用。

临床研究发现，每天使用 6 mg 含虾青素的药物，四周后可以改善视网膜毛细血管的血流能力，减轻眼睛疼痛、干燥、疲劳和视力模糊等问题。虾青素可保护眼睛防止受到光诱发的伤害，缓解眼睛疲劳，提高视觉灵敏度和看清细小物体的能力。虾青素对视网膜黄斑变性的改善效果比叶黄素显著，能保持眼睛功能，缓解压力，治疗和预防眼部疾病。

1. 虾青素可防止视网膜氧化和感光器细胞损伤，减轻眼部炎症

大气污染造成的臭氧层损耗使地面接收到更强烈的阳光，直接影响人的眼睛和皮肤。过度暴露在阳光和高氧环境中会导致眼睛产生过多自由基。一种叫做眼睛"缺血"的疾病，是一种使眼睛失去营养和接受氧气受阻的疾病，而眼睛氧化增加是这种病的常见原因。另一个导致眼睛氧化增加的原因是当缺血性阻塞被清除时，阻塞后的组织复氧，造成对眼睛正常氧化平衡的攻击。即使是正常的酶促过程也会增加自由基，如

过氧化氢、超氧阴离子自由基和羟自由基的生成。虾青素是现阶段所知的唯一能通过血脑屏障的类胡萝卜素，能够有效防止视网膜的氧化和感光器细胞的损伤，保护晶状体蛋白质免受氧化损伤，进而减轻眼部炎症。葡萄膜炎主要有眼部疼痛、畏光、流泪、视物模糊、视力下降等临床表现，诱发葡萄膜炎的三种炎症标志物是一氧化氮、TNF-α 和前列腺素 E_2。用大鼠进行研究，测量虾青素对葡萄膜炎三个重要炎症标志物的影响发现，注射了虾青素后，大鼠体内这三种炎症标志物都会减少，证明虾青素在减轻眼部炎症方面是有效的。

人类的视网膜和中枢神经系统都富含多不饱和脂肪酸，因此氧化产生的自由基很容易使其发生过氧化损伤。虾青素能够有效地抑制人体组织的光氧化作用，改善氧化应激标志物的水平，有效防止视网膜氧化和感光细胞的损伤，减少视网膜神经节细胞的细胞凋亡，在预防和治疗眼部疾病、保护眼睛等方面具有良好的效果。

2. 虾青素可消除顺铂引起的视网膜毒性

顺铂是一种会破坏 DNA 周期的非特异性广谱抗肿瘤药物，虾青素对顺铂诱导的视网膜毒性有保护作用。采用虾青素治疗，可抑制顺铂药物给药后丙二醛、8- 羟基 -2′- 脱氧鸟苷和内皮型一氧化氮合酶水平的升高（8- 羟基 -2′- 脱氧鸟苷是内源性及外源性因素对 DNA 氧化损伤作用的生物标志物，可用来评价抗氧化剂治疗 DNA 氧化损伤的效果；内皮型一氧化氮合酶脱偶联是导致一氧化氮水平下降和氧自由基水平升高的重要机制），并提高还原型谷胱甘肽的表达水平。这些结果表明，虾青素是一个预防使用顺铂治疗恶性肿瘤患者引起的视网膜毒性的潜在选择。

3. 虾青素是治疗糖尿病视网膜病变的抗氧化药物

虾青素可以改善氧化应激标志物，例如丙二醛、8- 羟基 -2′- 脱氧鸟苷和锰超氧化物歧化酶（MnSOD）的水平，减少视网膜神经节细胞的细胞凋亡，抑制过氧化氢诱导的一种神经节光受体细胞的凋亡。食物高温加热过程中生成的、对健康产生不良影响的糖基化终产物（AGEs）是蛋白质、脂质和核酸等生物大分子在氧化环境里的一种还原糖共价加成物，而虾青素、叶黄素和二十碳五烯酸能减少有毒的外源性晚期糖基化终产物，从而达到延缓糖尿病视网膜病变的目的。Nε-羧甲基赖氨酸是糖基化终产物中的一种，虾青素通过抑制细胞内氧化应激，对具有年龄代表性的内源性Nε-羧甲基赖氨酸的形成具有明显的抑制作用。虾青素还能抑制过氧化氢诱导的大鼠视网膜神经节转化细胞RGC-5（青光眼损害的主要视神经细胞）凋亡。因此，虾青素可以作为抗氧化剂来开发药物，治疗糖尿病视网膜病变。

（十）虾青素的抗肿瘤作用

虾青素可以有效清除体内的自由基，抑制肿瘤的生长和恶性肿瘤的转移，预防癌症。虾青素具有的抗肿瘤活性与其增强免疫反应的能力有关。虾青素作为有效的生物抗氧化剂，具有基因表达调控因子的作用。虾青素可以诱导与抑制癌症发生有密切关系的异物代谢酶的合成，改变肿块中的脂质过氧化活性，显著抑制癌变。虾青素的抗肿瘤功效主要是抑制肿瘤细胞增殖、促进肿瘤细胞凋亡和防止肿瘤细胞转移。细胞缝隙连接通信功能异常可能导致肿瘤的发生。肿瘤细胞间常常缺乏细胞缝隙连接通信功能，修复这种功能往往会降低肿瘤细胞的增殖。虾青素能抗肿瘤是因为虾青素与细胞膜的稳定性和蛋白质的基因表达有关，通过改变膜稳定性和基因表达数量来调节细胞间通信，从而提高细胞间的平衡能力，维持细胞的正常功能。虾青素在肿瘤发生的早期可能有较好的作用，但在肿瘤发展的后期作用不明显。

1.虾青素对多种癌症有预防和抑制作用

通过对膳食类胡萝卜素摄入量和癌症发病率或死亡率之间的关系研究发现，癌症发病率或死亡率与类胡萝卜素的摄入量呈显著负相关。相关研究通过比较各种类胡萝卜素的抗癌活性，得出虾青素的抗癌活性最强，具有抗癌特性的结果。动物试验表明虾青素可通过促使体内分泌肿瘤坏死因子和抗炎细胞因子，阻碍结肠癌细胞的生长并诱导癌细胞的凋亡。

　　通过动物试验观察发现虾青素对多种癌症有显著的抑制或预防作用，可以抑制多种癌细胞，如结肠、口腔、纤维组织、胸腺等部位癌细胞的生长增殖。虾青素对前列腺癌也有辅助治疗作用。有试验将前列腺癌细胞放入含虾青素的溶液中 9 天，在不同浓度水平下，前列腺癌细胞的生长率下降了 24% ～ 38%。用环磷酰胺诱导大鼠谷胱甘肽 S- 转移酶 P（GST-P）病灶形成，使其存在发生肝癌的风险，然后给大鼠饲喂虾青素，发现虾青素可使谷胱甘肽 S- 转移酶 P 病灶的数量和面积显著减少并恢复肝细胞结构，说明虾青素对肝癌有一定的预防作用。虾青素可以有效地干预大鼠肝癌 CBRH-7919 细胞，通过激光扫描共聚焦显微镜观察到虾青素能够破坏 CBRH-7919 的细胞骨架，使其核质界限模糊，细胞骨架不规则排列，有些凝集在一起，有些呈碎片散在分布。并且随着虾青素作用时间的延长，对细胞骨架的破坏作用愈加明显。虾青素还能预防黄曲霉毒素的致癌作用，对减少黄曲霉毒素诱导的肝癌细胞的数量和体积效果良好。还有一些其他研究表明虾青素能有效清除体内由光辐射产生的自由基，减少光化学对皮肤造成的损伤，阻碍皮肤癌的发生。此外，虾青素还可以抑制白血病细胞的增殖和生长。

　　2. 虾青素对肿瘤发生具有预防和抑制作用

　　在一项体外研究中，将小鼠肿瘤细胞分别放入一种含有虾青素的溶液和一种不含虾青素的相同溶液中，两天之后，发现虾青素溶液中的肿瘤细胞具有较低的细胞数量和较低的 DNA 合成率。另一项对小鼠乳腺肿瘤细胞的研究发现，虾青素以剂量依赖的方式使肿瘤细胞的增殖减少了 40%。结直肠癌是常见的消化道恶性肿瘤。炎症性肠病（IBD）与结直肠癌关系密切，是结直肠癌发病的一个重要原因。使用诱变剂氧化偶氮甲烷（AOM）与致炎剂葡聚糖硫酸钠（DSS）联合建立的 AOM/DSS 小鼠模型，能够模拟正常黏膜→炎症→肿瘤生成的全过程，呈现急性炎症的较短潜伏期和初期阶段。用 AOM/DSS 小鼠模型研究虾青素对炎症性肠病相关结直肠癌发生的可能抑制作用，发现膳食虾青素通过抑制包括核因子 -κB 在内的细胞因子的表达，抑制诱变剂氧化偶氮甲烷与致炎剂葡聚糖硫酸钠联合使用诱导的与炎症性肠病相关结直肠癌的发生。试验说明虾青素可作为结直肠癌的预防剂来使用。

3. 虾青素可清除自由基，抑制肿瘤的生长

虾青素抗肿瘤活性与其抗氧化活性预防癌变的能力有关。用化学发光法测定并比较非酶抗氧化剂的抗氧化活性效率，结果表明虾青素能快速清除羟自由基、和氧竞争、与一氧化氮反应，抑制亚硝酸盐的产生，其抗氧化活性强于维生素 C，清除自由基的能力强于 β- 胡萝卜素、番茄红素等类胡萝卜素。虾青素与食品抗氧化剂、食用黄色素——槲皮素相比也具有更强的清除一氧化氮的能力。DNA 损伤应答是细胞维持基因组稳定性的基石，DNA 损伤应答的缺陷会导致包括癌症在内的多种疾病的发生与发展。人体细胞每天都会产生大量不同类型的 DNA 损伤，人体细胞内也存在较为全面的 DNA 修复机制来应对这些损伤。但当 DNA 损伤过多时，还需要外援来帮助修复。虾青素的强大抗氧化活性就可减少DNA 的氧化损伤，抑制脂质过氧化，增加蛋白质表达和抗氧化酶活性，从而减少机体氧化损伤的积累，恢复 DNA 的完整性和保真性，维持遗传稳定性，预防癌变的发生。

4. 虾青素可促进肿瘤细胞凋亡

虾青素在抑制肝癌方面有显著效果。通过 MTT 法〔MTT 为 3-（4,5-二甲基 -2- 噻唑）-2,5- 二苯基四氮唑溴，此法是用于检测细胞增殖能力的方法〕测试雨生红球藻虾青素的细胞毒性作用，发现虾青素可有效触发肝癌细胞凋亡，表明虾青素可用于防治肝癌。虾青素还可以促使肿瘤坏死因子和抗炎细胞因子分泌，阻碍癌细胞的生长并诱导癌细胞的凋亡。虾青素在促使癌细胞凋亡的同时，还可以修饰一些关键凋亡蛋白，具有使正常细胞抗凋亡作用。

虾青素可防止人的疏松结缔组织中成纤维细胞、黑素细胞和肠Caco-2 细胞由紫外线辐射导致的 DNA 损害，从而减少皮肤癌的发生。黑色素瘤是最具侵袭性的皮肤癌。虾青素能通过减少癌细胞转移和诱导内源性细胞凋亡，对黑色素瘤肿瘤细胞的转移进行抑制，提高实验小鼠的存活率。虾青素通过细胞核内的细胞凋亡信号通路诱导细胞凋亡，从而抑制人的黑色素瘤的发展。采用虾青素和 α- 生育酚与酪蛋白酸钠的纳米乳液配方，分析细胞内活性氧水平变化对细胞凋亡的影响，发现此配方能诱导活性氧的产生并破坏线粒体膜电位，通过细胞核内的细胞凋亡信号通路诱导细胞凋亡，表明虾青素和 α- 生育酚与酪蛋白酸钠的纳米乳剂可诱导细胞凋亡，消除癌细胞。

5. 虾青素能加强正常细胞间的连接能力，抑制肿瘤增殖

细胞缝隙连接通信功能对细胞的正常增殖分化及自身稳定起着重要的调节作用，其功能的抑制或破坏是促癌变阶段的重要机制。虾青素的抗癌作用正是与其诱导细胞缝隙连接通信功能的能力密切相关。虾青素可以通过加强正常细胞间的连接能力，孤立癌细胞，减少癌细胞间的联系，控制癌细胞生长，阻止肿瘤转移。

6. 虾青素能抑制化学物质诱导的初期癌变

研究表明，给实验大鼠和小鼠每天饲喂虾青素 100 ～ 500 mg/kg，能显著抑制化学物质诱导的初期癌变，对暴露于致癌物质中的上皮细胞具有抗增殖作用和强化免疫功能的作用，而且这种效应存在剂量 - 效应关系。虾青素高剂量组（500 mg/kg）的肿瘤发生率和肿瘤大小明显低于对照组和虾青素低剂量组。因此，推测虾青素具有显著的抗癌特性。

7. 虾青素能直接作用于免疫系统

虾青素能直接作用于免疫系统 T 淋巴细胞的产生，导致肿瘤缩小。例如，虾青素可以抑制黄曲霉毒素 B_1（AFB_1）对人体的致突变作用，减少黄曲霉毒素诱导的肝肿瘤细胞的数量和体积，有效防止癌症的发生。虾青素对恶性肿瘤——S180 肉瘤生长有一定的抑制作用，可以提高 S180 荷瘤小鼠 T 淋巴细胞的百分数，具有抗肿瘤和增强免疫的功能。因此虾青素可用作抗癌药物、免疫增强剂以及抗感染药物的配合剂。

8. 虾青素可减轻抗肿瘤药物的副作用

阿霉素（多柔比星，DOX）是美国食品药品监督管理局批准可用于治疗多种癌症的最有效和最基本的抗肿瘤药物之一。但阿霉素也具有强烈的神经毒性，使用者常表现出记忆障碍、反应慢、注意力不集中以及语言困难等症状。有研究证明通过每天 25 mg/kg 剂量的虾青素治疗，就能够抑制阿霉素诱导的氧化和炎症损伤，阻止炎症介质释放，抑制神经胶质细胞活化和过度活跃的乙酰胆碱酯酶（AChE），保持线粒体的完整性，以此避免阿霉素导致的认知功能紊乱。

虾青素抗癌与细胞膜的稳定性和蛋白质的基因表达有关。虾青素可通过改变细胞膜稳定性和基因表达数量来调节细胞间通信，从而提高细胞间的平衡能力，维持细胞的正常功能。环磷酰胺是一种广泛应用于癌症治疗的烷化剂，然而它对人和实验动物的正常细胞表现出严重的细胞毒性，这种毒性作用与基因组不稳定性以及 DNA 损伤有关。核转录因子 Nrf2 信号通路是目前发现的抵御外源性刺激和抗氧化应答反应的核心转录因子。虾青素被证明可以通过激活核转录因子 Nrf2 信号通路，发挥其对环磷酰胺诱导的氧化应激和 DNA 损伤的保护作用。

9. 虾青素可调节细胞间通信，修复DNA损伤

天然虾青素可以防止 DNA 氧化损伤。一项有关研究表明健康女性口服 2 mg 或 8 mg 虾青素胶囊 8 周（每组 14 例）可显著降低 DNA 损伤、炎症反应和氧化应激，增强免疫反应。蛋白激酶 B 在调节 DNA 损伤反应和基因组稳定性方面具有重要作用。抑制蛋白激酶 B 的活性会影响 DNA 双链断裂的修复，而虾青素对蛋白激酶 B 信号通路具有调节作用，这种调节作用有助于维持基因组的稳定性并抵消 DNA 损伤。

10. 虾青素可通过改变肠道菌群来抑制肿瘤

虽然前列腺癌患者和良性前列腺增生患者的菌群结构基本相似，但具体菌种的数量在组间有很大差异。研究表明虾青素（100 mg/kg）可以通过抑制乳酸菌某些菌种数量的增长来达到抑制肿瘤增长的目的。

（十一）虾青素抑制、调节细胞凋亡

细胞凋亡是指为维持体内环境稳定，由基因控制的细胞自主的有序死亡。细胞过度凋亡与神经退行性疾病、缺血性脑卒中、心脏病、脓毒症和多器官功能障碍综合征有关。虾青素在减少乳腺癌细胞的增殖和迁移、阻断癌细胞分裂时，对于正常细胞的迁移、细胞数无影响。虾青素通过降低活性氧、蛋白质羰基化、细胞色素 C 释放和线粒体膜电位，有效地减弱对神经有损伤作用的 6- 羟基多巴胺和二十二碳六烯酸过氧化物的毒性，最终抑制神经元细胞的凋亡。虾青素还可以在细胞凋亡中起调节作用，通过与肿瘤相关的核因子 -κB 信号通路来保护外伤所致的细胞凋亡。用 3-（4,5- 二甲基 -2- 噻唑）-2,5- 二苯基溴化四氮唑噻唑蓝（MTT）比色法可检测细胞的凋亡情况。MTT 比色法的基本原理是：包括肿瘤细胞在内的有核细胞线粒体呼吸链上的琥珀酸脱氢酶，可将 MTT 还原成蓝色的甲臜（含有—N＝N—C＝N—NH—特殊链的一类化合物的总称），其生成量与药物作用后的细胞数目和（或）细胞活性呈正相关。为此可将培养的内皮细胞用虾青素预处理 24 h，再与叔丁基过氧化氢共孵育 6 h。用 MTT 比色法研究发现，虾青素对内皮细胞的抑制作用与虾青素剂量呈正相关。通过研究氧化应激相关指标如活性氧、超氧化物歧化酶、谷胱甘肽过氧化物酶、黄嘌呤氧化酶的变化，发现虾青素对烧伤早期创面的恶化有预防作用，可调节与线粒体相关的凋亡，这表明虾青素对创伤性损伤有强的抗氧化作用。

（十二）虾青素对糖尿病及其并发症有预防和治疗作用

糖尿病是由遗传和环境因素相互作用引起的胰岛素分泌异常、并伴有胰岛素抵抗而导致的以血中葡萄糖水平增高为特征的代谢性疾病。据统计，目前全世界糖尿病人数为 3.66 亿人，预计到 2030 年将达到 5.52 亿人。糖尿病已经成为发达国家继心血管疾病和肿瘤之后的第三大非传染性慢性疾病。Ⅱ型糖尿病（T2DM）患者约占整个糖尿病患者的 90％～95％，有研究表明，Ⅱ型糖尿病患者在糖、脂、蛋白质等多种物质代谢紊乱的同时，常伴随有各种氧化应激、炎症、细胞凋亡等现象。而虾青素通过多种分子机制对葡萄糖代谢、胰岛 β 细胞分泌和胰岛素抵抗发挥作用，从而有利于糖尿病及其并发症的防治和改善，也将在糖尿病高危人群的预防保健中发挥作用。

1. 通过改善氧化应激降血糖

氧化应激是导致高糖血症的重要因素之一。氧化应激时自由基大量产生，与抗氧化防御之间发生严重失衡，胰岛 β 细胞受损，外周组织对胰岛素的敏感性降低，最终导致糖代谢紊乱和糖尿病的发生发展。有人用四氧嘧啶成功建立 II 型糖尿病小鼠模型，使用高、中、低三个剂量组的虾青素分别给小鼠灌胃。结果发现，三个剂量组的虾青素均能降低糖尿病小鼠的血糖水平，其中高剂量组的虾青素发挥降血糖作用最显著。此外，虾青素对糖尿病小鼠的多饮、多食、多尿症状都有明显的改善，由此得出虾青素可有效地降低 II 型糖尿病小鼠的血糖，对糖尿病小鼠的相关症状发挥了明显的作用。有实验指出，对人体，每天服用虾青素 4 ～ 20 mg 就有降低血糖作用。

2. 改善分泌胰岛素的能力

胰岛 β 细胞及胰岛组织的损伤会使胰岛素分泌减少，引发血糖、尿糖升高等带来的一系列葡萄糖、脂肪及蛋白质的代谢紊乱，最终导致糖尿病及糖尿病并发症的产生。研究发现，经虾青素治疗后的小鼠的血糖水平显著下降，胰岛 β 细胞分泌胰岛素的能力有所改善，虾青素对糖尿病患者胰岛 β 细胞的功能保存发挥了有益的作用。

3. 降低胰岛素抵抗

虾青素可以通过抗炎作用降低胰岛素抵抗。II 型糖尿病常伴有炎症因子表达量的增加，炎症因子与 II 型糖尿病的发生密切相关。在肥胖、创伤、感染等状态时，脂肪细胞产生大量的炎症因子作用于肝脏和肌肉细胞，对胰岛素信号转导起到了干扰作用，进而产生了胰岛素抵抗。参与免疫与炎症反应的核因子 -κB 活化部位位于诱导型一氧化氮合酶基因上游，对炎症因子起转录调控作用，核因子 -κB 的激活能促进促凝血因子、黏附因子、内皮素等的表达，最终导致血管内皮舒张功能障碍和血流调节受损，进而导致糖尿病血管病变。虾青素保护细胞免受氧化应激而改善胰岛素抵抗。高糖高脂饮食喂养大鼠后建立 II 型糖尿病模型，用虾青素进行干预,60 天治疗结束后,虾青素能逆转肝组织里活性氧的产生、脂质物质的堆积和内质网应激标志物如免疫球蛋白结合蛋白的产生,可降低胰岛素抵抗。

虾青素通过增加葡萄糖摄取和调节循环脂质水平来改善胰岛素抵抗。高糖高脂饮食喂养的小鼠显示出明显的胰岛素抵抗,而经虾青素处理后,小鼠胰岛素的敏感性参数有明显的改善,虾青素通过调节代谢酶和胰岛素信号通路来改善葡萄糖代谢作用。葡萄糖转运蛋白 -4 是一种胰岛素敏感性葡萄糖运输载体,细胞中葡萄糖转运蛋白 -4 表达的减少及转位障碍都是引发糖尿病的重要因素。实验测定了虾青素对葡萄糖转运蛋白 -4 的转位、葡萄糖的摄取及大鼠肌肉细胞中胰岛素信号传递的作用情况,结果显示,虾青素能促进胰岛素受体底物诱导的葡萄糖转运蛋白 -4 的转位和葡萄糖的吸收,当受到高脂饮食的驱动时,空腹血糖相关的应激活化蛋白激酶基因可诱发导致糖尿病的炎症,虾青素抑制应激活化蛋白激酶的活化,减轻对胰岛素信号通路的损伤。此外,虾青素还能有效改善由炎症因子和游离脂肪酸诱导的胰岛素抵抗。

4. 对糖尿病并发症的作用

糖尿病肾病是临床常见和多发的糖尿病并发症,也是最严重的并发症之一,主要指糖尿病型肾小球硬化症,多见于病程十年以上的糖尿病患者,糖尿病也是终末期肾脏病的常见原因。虾青素可有效抑制高血糖风险时肾小管上皮细胞中相关标志物的激活和表达,从而减轻了对肾小管内皮细胞结构和功能的损害,对糖尿病肾病的发展起到减缓作用。虾青素能通过直接保护肾小球基底膜,阻止糖尿病高血糖产生的自由基破坏肾小球基底膜。虾青素的抗氧化活性降低了肾脏的氧化应激,可防止肾细胞损伤。由此可知,虾青素是一个潜在的治疗糖尿病肾病的保护性药物,应用虾青素是预防糖尿病肾病的一种方法。

糖尿病视网膜病变是由视网膜神经节细胞功能障碍或该细胞凋亡引起的糖尿病眼病,虾青素可用来治疗糖尿病视网膜病变。微血管病变是糖尿病的特异性并发症,视网膜病变尤应引起重视。病程超过十年的糖尿病患者常患有不同程度的视网膜病变，是失明的主要原因之一。实验发现，虾青素能减少小鼠视网膜神经节细胞的凋亡，并提高视网膜组织中氧化应激标志物，如超氧阴离子、丙二醛、8-羟基-2-脱氧鸟苷和锰超氧化物歧化酶的活性。此外，虾青素能减轻由过氧化氢诱导的视网膜神经节细胞系 RGC-5 的细胞凋亡，对视网膜损伤有保护作用。虾青素可作为一种抗氧化药物来治疗糖尿病视网膜病变。

虾青素能改善糖尿病患者的内皮功能障碍。心血管疾病是糖尿病患者致残、致死并造成糖尿病病人经济负担的主要原因，即使空腹血糖及餐后 2 h 血糖升高尚未达到糖尿病诊断标准，也会增加发生心血管疾病的危险性，保护血管内皮功能是预防心血管疾病及其并发症的重要措施。虾青素可以通过抑制氧化应激通路改善糖尿病患者的内皮功能障碍。检测虾青素对 II 型糖尿病大鼠主动脉血管内皮功能障碍的作用发现，用虾青素治疗后 II 型糖尿病大鼠血清氧化低密度脂蛋白和诱导型一氧化氮合酶的表达减少，主动脉丙二醛水平也显著降低。有研究显示，虾青素治疗后的糖尿病大鼠的 C-反应蛋白、血管性血友病因子以及血纤维蛋白溶酶原激活物抑制剂 -1 的表达水平都显著降低，反映机体抗凝系统功能的抗凝血酶 III 和蛋白激酶 C 活性显著增强，这些结果表明虾青素能减弱由糖尿病导致的血流障碍和炎症反应，揭示了虾青素能对临床上血管内皮功能障碍相关的糖尿病并发症的治疗发挥积极作用。

5. 改善糖尿病的症状

虾青素通过保证胰岛 β 细胞正常分泌胰岛素的能力来改善机体血糖水平，具有降血糖作用。虾青素对四氧嘧啶所致糖尿病小鼠有很好的治疗作用，对肾上腺素、葡萄糖引起的高血糖小鼠也有明显的降血糖作用，而对正常小鼠血糖水平无明显影响。导致胰岛素分泌障碍的最根本原因是氧化应激，解决氧化应激的一个方法就是早期使用抗氧化剂如虾青素、维生素 E 等。虾青素有助于预防糖尿病，能降低糖尿病患病风险。在链佐星诱发的糖尿病大鼠中，虾青素通过阻止晚期糖基化终产物的形成和抗炎作用，对糖尿病引发的肝功能损害起到抑制作用。

（十三）虾青素对肥胖的影响

虾青素对肥胖、高甘油三酯血症、高胆固醇血症、心血管病、胃肠道疾病、肝脏疾病等有潜在影响，可降低相关疾病的发生率。虾青素可以通过调节脂质代谢和肠道微生物菌群，防止高脂饮食引起的肥胖，提高肝脏功能，改善脂质代谢的功能及高脂所致的肝代谢紊乱。虾青素可以抑制高脂饮食导致的体质量和脂肪组织的增加，防止肥胖和代谢综合征等问题，并有可能刺激日常生活中机体对脂肪酸利用的增加。虾青素显著降低了作为主要脂肪转录因子的过氧化物酶体增殖物激活受体 γ（PPARγ）的 mRNA 表达水平，抑制脂肪的生成。氧化应激与肥胖有关，其是由抗氧化剂和活性氧之间的不平衡引起的，从而导致细胞或组织损伤。人体在补充三周虾青素后，可通过抑制脂质过氧化和刺激抗氧化防御系统的活性，改善氧化应激的标志物水平，其中超氧化物歧化酶的水平升高且总抗氧化能力得到增强。肥胖引起的氧化应激使肝功能受损，虾青素使氧化应激得到改善，在提高肥胖者的肝功能方面也有很大的潜力。

连续灌胃虾青素（0.3 g/kg）12 周能有效改善肥胖小鼠的肝功能，抑制高脂肪、高果糖引起的血浆胆固醇和肝脏三酰甘油含量的升高，明显减少脂肪沉积，从而抑制体重增加。虾青素还可以与胰脂肪酶非共价结合，降低胰脂肪酶活性，降低脂肪吸收，达到减肥效果。

肥胖还与胰岛素抵抗和Ⅱ型糖尿病的发生发展密切相关。有研究将身体质量指数（BMI）>25（正常范围为 18.5～24）的Ⅱ型糖尿病患者作为受试对象，给药时间为 12 周。在虾青素干预前后分别测定胆固醇、甘油三酯、高密度脂蛋白、低密度脂蛋白和载脂蛋白 B（ApoB，是血浆脂蛋白中的蛋白质，其基本功能是运载脂类）的表达量，并检测氧化应激的生物标志物如丙二醛的水平和总抗氧化能力，结果显示，虾青素给药组的低密度脂蛋白、载脂蛋白 B 和丙二醛的水平明显降低，安慰剂组的血脂谱无明显变化，而且虾青素给药组的总抗氧化能力在第 12 周显著升高。这些结果表明，虾青素能通过抑制脂质过氧化和激活抗氧化防御系统改善氧化应激，有利于瘦身。

（十四）虾青素可抑制运动时自由基对机体的氧化损害

当机体做有氧运动时肌肉会释放自由基，这些自由基若不被抗氧化剂及时处理掉，就会产生氧化压力，致使肌肉酸痛或肌肉组织的损伤。在剧烈运动时，身体会产生大量的自由基，运动越剧烈，自由基产生得就越多。如当身体以高于平均速率70%的速率消耗氧气时，细胞中产生的自由基大约是人休息时的12倍。生物膜的基本结构是脂质双分子层，其中含有丰富的多不饱和脂肪酸。运动中产生的过多自由基对生物膜的脂质过氧化作用必然要影响到各器官的功能及整体的运动能力。氧自由基与多不饱和脂肪酸作用形成脂质过氧化物，使膜受体、离子通道、膜蛋白酶的脂质微环境发生改变，从而改变细胞膜的功能。如 Na^+-K^+-ATP酶功能受损，不能有效维持细胞内高浓度 K^+ 与细胞外高浓度 Na^+ 的正常分布，对细胞膜动作电位的形成及细胞的兴奋有损害；肌质网钙泵功能受损，会影响到细胞质内 Ca^{2+} 浓度的正常调节。若生物膜内多不饱和脂肪酸过氧化、含量减少，膜的液态性、流动性和通透性改变，会使一些细胞内酶释放到血液中，造成代谢紊乱。氧自由基所诱发的脂质过氧化作用还会影响亚细胞结构，这是由于亚细胞器膜基质中磷脂成分比细胞膜含有更多的多不饱和脂肪酸，对过氧化作用更敏感。在进行运动时，骨骼肌、肝脏的线粒体和过氧化物酶体都易受到脂质过氧化的损伤，线粒体膜的脂质过氧化势必会影响到线粒体的呼吸功能及 ATP 的有氧合成。

虾青素可以作为一种抗氧化剂抑制自由基对机体的氧化损害作用。虾青素对运动中产生的自由基所致的运动应激性溃疡有抵抗作用。目前尚未发现大剂量的虾青素摄入会对机体器官造成损害，虾青素可以作为运动营养补剂使用，对于一些氧化损伤及慢性疾病具有预防和治疗的效果。虾青素具有抗氧化、抗缺氧、抗疲劳、抗炎、免疫调节、缓解肌肉运动损伤、神经保护等作用，在运动领域的应用十分广泛，对运动能力的提高、运动性疲劳的缓解及运动性损伤的预防和治疗均具有一定积极作用。

1. 缓解运动疲劳，改善运动损伤

口服虾青素可以强化需氧代谢，增加肌肉力量和肌肉耐受力，迅速缓解运动疲劳，减轻剧烈运动后产生的迟发性肌肉疼痛，能够作为运动补剂应用于运动领域。机体运动时肌肉会释放自由基，引起肌肉酸痛或肌肉组织损伤，而虾青素能够对抗运动时肌肉释放的自由基，减少自由基对肌肉组织的氧化作用，减少血液中乳酸的堆积，从而减少运动后造成的肌肉酸痛，增强机体能量代谢，减少疲劳。虾青素可以抑制氧化损伤，防止剧烈运动后产生的迟发性肌肉疼痛，对运动性疲劳具有缓解作用。虾青素的强抗氧化性能够减少细胞、组织和器官的氧化损伤。虾青素通过降低脂质过氧化水平改善了脂质代谢，保证细胞膜的功能、细胞内的代谢平衡及线粒体正常供能，降低血清尿素氮含量，防止运动性疲劳产生，提高身体代谢能力和运动过程中的耐力水平，增进肌肉耐受力，减少肌肉质量的降低，深受运动员和爱好运动的人们的喜爱。

运动过程中由于运动负荷量过大或负荷强度过大，容易产生运动性疲劳或运动性损伤，产生大量炎症因子，导致疼痛加重。在炎症发生的情况下，有毒的活性氧和嗜中性粒细胞导致抗氧化剂水平降低、脂质过氧化水平及氧化代谢产物增加，破坏了原有的平衡。虾青素的抗氧化作用能够抵抗自由基氧化损伤所致的关节疼痛和关节炎，虾青素的抗炎性作用可以预防运动后关节疼痛，有助于运动后的体力恢复。给雄性小鼠灌胃天然虾青素30天后，分别测定负重游泳时间，血清尿素氮、血乳酸及肝糖原的含量，通过改变小鼠尾部负重质量观察到虾青素对不同运动强度下小鼠的运动耐力有改善作用，虾青素是通过增强脂肪酸氧化和糖原储备延缓小鼠运动疲劳的发生。每天服用天然虾青素 200 mg/kg 和 600 mg/kg 剂量的小鼠，负重游泳时间都显著增长，小鼠游泳前后血乳酸测定显著低于对照组，血清尿素氮含量低于对照组，小鼠肝糖原水平明显高于对照组，表明天然虾青素具有缓解运动疲劳的作用。腕管综合

征（CTS）是重复性应激损伤，是一种手腕的衰弱性疾病，表现为麻木、疼痛，在极端情况下甚至瘫痪，目前还没有治愈的方法，通常建议进行腕关节手术。试用天然虾青素后，腕管综合征患者在 4 周后测试显示白天疼痛减轻 27%，8 周后疼痛减轻 41%。

2. 改善运动疲劳损伤引起的炎症反应

高达 95% 的人体能量是由细胞中线粒体通过燃烧脂肪酸和其他物质产生的。许多存在于肌肉组织细胞中的线粒体，在产生能量的同时也会产生高活性的自由基，会破坏细胞膜和氧化 DNA。自由基产生的炎症会减缓运动员的运动速度，并且阻止运动员体力快速恢复。即使在我们停止运动后，自由基也会继续影响肌肉，它们会激活肌肉组织中的炎症标志物，导致疼痛和疲劳。虾青素能有效地清除肌肉组织中的自由基和单线态氧，能够抵抗炎症因子，增强免疫力，改善运动损伤的程度及防止诱发其他症状，并促进运动损伤的恢复。在心肌和骨骼肌剧烈运动后服用虾青素，能拮抗过氧化物酶活性，增强血清肌酸激酶活性，削弱中性粒细胞对肌细胞的损伤，缓解心肌和骨骼肌因剧烈运动所致的损伤。活性氧也能加重运动训练引起的肌肉损伤炎症，而虾青素能够通过自身极强的抗氧化作用在运动性疲劳及损伤炎症中发挥抗炎作用。虾青素还可通过抑制脂质过氧化反应、抑制前列腺素 E_2 的生成，对多种炎症产生明显的抵抗作用。虾青素与其他抗炎类药物有同等或更好的效果，与阿司匹林同时服用可加强阿司匹林的药效。此外，虾青素在黏膜免疫损伤个体中还可发挥出显著的生理调节作用。

3. 加强肌肉耐力和力量

虾青素能使线粒体燃烧更多的脂肪，在运动中能够抑制脂肪在体内的堆积，提高脂肪在运动中的供能，延长运动力竭时间。服用虾青素后，运动耐力的提高是由于脂肪酸作为能量的利用增加。虾青素能够在氧化应激条件下改善线粒体功能完整性和氧化还原状态，可以减少心肌和腓骨肌中的髓过氧化物酶导致的氧化应激损伤。

运动中为产生能量会导致肌肉中大量耗氧，集中在肌肉中的虾青素清除产生的氧自由基。在动物界浓度最高的天然虾青素是在鲑鱼的肌肉中被发现的，鲑鱼为繁殖后代，能在汹涌的河流中游动长达七天，完成了看起来几乎不可能的事情，这就是肌肉中高含量虾青素的效果。有实验表明，每天服用 4 mg 虾青素，持续 6 个月，膝盖弯曲的平均次数提高了 62%，而对照组只提高了 22%。虾青素对于提高足球运动员免疫功能、预防伤病也有着积极的作用。因此，一些年老的运动员为坚持锻炼已经在坚持服用虾青素。

4. 天然虾青素对运动员身体恢复十分重要

虾青素可帮助运动员更强壮，有更好的耐力，在运动后能够更快地恢复，预防运动后关节和肌肉酸痛。有氧运动会在体内产生活性氧，是引起有害氧化的源头。活性氧能迅速消耗运动员体内可用的抗氧化剂。因此，运动员需要额外摄入更多的抗氧化剂，以使他们的身体消除活性氧的不良反应，并在运动中保持身体内的健康氧化状态。天然虾青素帮助他们减轻炎症引发的疼痛，恢复正常训练，增加力量和耐力，已成为一些运动员的"秘密武器"。根据线粒体老化理论，线粒体的降解主要是由于氧化损伤。细胞受到的损伤使线粒体呼吸不足，产生能量不足。当细胞不再以最佳方式产生能量时，个体的力量和耐力就会下降。天然虾青素强的抗氧化性和抗炎活性，有助于线粒体产生能量，降低运动时产生的乳酸水平，使肌肉和关节疼痛有所改善，使人强壮，增强耐力。

（十五）虾青素对肠胃健康有效

脾胃为后天之本，肠胃不好就不能很好地吸收营养，会产生多种疾病，会由简单疾病演变成严重疾病，因此要重视肠胃疾病的预防和治疗。

1. 对胃损伤有预防能力

虾青素对萘普生和乙醇引起的胃损伤有预防能力。非甾体抗炎药萘普生会引起胃溃疡。当给大鼠服用萘普生后，服用三种不同剂量的虾青素，发现其均对萘普生产生的有害影响具有显著的改善作用。人过量食用乙醇会导致胃溃疡，虾青素对乙醇导致的胃溃疡作用也很显著。组织学检查表明，经虾青素预处理后，乙醇诱发的急性胃黏膜损伤几乎消失。这是因为用虾青素预处理可提高体内超氧化物歧化酶、过氧化氢酶和谷胱甘肽过氧化物酶清除自由基的活性。

2. 抑制幽门螺杆菌

幽门螺杆菌是定植于胃黏膜的一种革兰氏阴性杆菌，与胃炎、胃溃疡的关系密切，是导致胃黏膜癌变的主要原因。被幽门螺杆菌浸润的炎症细胞会产生活性氧，通过产生多种介质导致胃炎症。服用虾青素的小鼠可降低脂质过氧化水平，同时还抑制了幽门螺杆菌的生长，降低了感染细胞的细菌负荷。实验发现，饲料中添加含虾青素的雨生红球藻细胞提取物，能降低幽门螺杆菌感染小鼠的细菌负荷和胃黏膜炎症。富含虾青素的藻粉能抑制幽门螺杆菌在胃黏膜上的定植，减轻被感染的胃组织的炎症，对胃有保护作用。用虾青素处理后，幽门螺杆菌感染的T淋巴细胞有不同的反应。研究表明，虾青素能够改变幽门螺杆菌的免疫应答，虾青素的抗氧化和抗炎作用有助于抑制幽门螺杆菌引起的胃炎症。在使用虾青素处理的幽门螺杆菌患者中，观察到辅助T细胞（CD4）上调，细胞毒性T细胞（CD8）下调。虾青素能明显地抑制细菌侵蚀和减轻胃炎症状，并有效调节细胞浆液的释放。虾青素抑制幽门螺杆菌感染具有浓度依赖性。富含虾青素的海藻提取物可以减少细菌负荷和胃炎症，藻粉中天然虾青素对幽门螺杆菌体外生长有抑制作用。用虾青素治疗结束后，食用雨生红球藻粉的小鼠比未经治疗的小鼠表现出更低的细菌水平和更轻的炎症。给小鼠饲喂富含虾青素的雨生红球藻粉，可抑制幽门螺杆菌的增殖，能明显预防幽门螺杆菌引起的溃疡症状。虾青素可激活过氧化物酶体增殖物激活受体γ及其下游靶基因过氧化氢酶，减轻幽门螺杆菌感染人胃腺癌细胞的氧化应激及炎症反应。然而，感染组织中的细菌负荷和细胞因子水平并不受虾青素处理的影响。虾青素通过改变免疫反应，对减少幽门螺杆菌非常有效，虾青素可以帮助预防某些类型的胃癌和其他胃病。

（十六）虾青素可增加精子数量与活力

受多种因素的复杂影响，很多雄性生物生殖细胞出现不同程度的数量减少、活力减弱。近30年来，我国青年男性人群的生殖细胞数量及活力以惊人速率持续下降。随着社会发展，适龄青年忙于事业或生活观念变化导致婚龄不断推迟等，更加剧了上述现象的发生。雨生红球藻虾青素对雄性特征、精子数量和活力都有影响。利用大鼠开展的动物学实验表明，适量的雨生红球藻虾青素可显著提高大鼠的精子数量和单位质量附睾生殖细胞密度。饲喂中等剂量虾青素组的大鼠总精子数增加，饲喂高剂量虾青素组的大鼠总精子数比对照组增加得更为显著。就单位质量附睾中的精子密度而言，中等剂量组和高剂量组的精子密度比对照组分别增加了 1/3 和 2/3。大鼠精子活力在高剂量组附睾中也显著增加，有活性的总生殖细胞数比对照组高 2.5 倍；其中活跃程度高的 II 级精子数大幅度增加，而活跃程度较低的 III 级精子数比对照组明显减少。实验发现，用天然虾青素饲喂雄性动物，发现雌性的怀孕率、产子数和产活仔数都比用不含天然虾青素的同样饲料饲喂的动物要高。这是因为天然虾青素在某种程度上可以使雄性精子更强大。鱼类和虾类养殖者发现，虾青素在海洋物种繁殖方面也有类似的作用。2005 年，国外科学家曾报道，选择男子精液质量很差的 20 对夫妇，进行至少 12 个月的怀孕试验。当每天补充 16 mg 天然虾青素 3 个月后，10 个妇女中就有 5 人怀孕了。研究人员测定男子精液的氧化程度，发现服用虾青素的男子精液中活性氧减少了，精子活力和形态都有所改善。由此可以认为，补充天然虾青素提高了精子质量，是增加受孕频率的合理解释。

5α- 还原酶是依赖还原型辅酶 II 的膜蛋白酶，其功能为催化睾酮转化为二氢睾酮，当二氢睾酮在前列腺和皮肤内积累到高水平后会引起许多病理变化，如良性前列腺增生症、痤疮、男性秃发、女性多毛等。人的 5α- 还原酶有 I 型和 II 型两种同工酶，I 型酶主要分布于皮肤，II 型酶主要分布于前列腺。对 5α- 还原酶的抑制有希望治疗良性前列腺增生症，同时也可能预防或辅助治疗前列腺癌。体外实验表明，虾青素对 5α- 还原酶的抑制率为 98%。

（十七）虾青素外用效果

虾青素能降低由紫外线引起的伤害，已广泛应用于功能食品、医药、牙科及化妆品等领域。虾青素具有抗氧化、抗光老化、修复皮肤屏障的作用，还可以美白淡斑、抑制黑色素，具有均衡肤质的效果，能够和人工合成的氨基酸、传明酸（又名氨甲环酸、止血环酸、凝血酸）叠加使用。紫外线会导致皮肤过早老化、干燥，使皮肤长皱纹、老年斑和雀斑。天然虾青素不仅可以防止紫外损伤的发生，还有助于逆转紫外损伤。通过内服补充虾青素还可以减少皱纹和老年斑。

1. 作为着色剂

红色的虾青素具有极强的色素沉积能力，通常可作为着色剂。虾青素是一种脂溶性色素，具有艳丽的红色和强的抗氧化性能。在化妆品中，虾青素能长时间有效地起到保色、保味、保质等作用，可用于唇膏和口红。

2. 化妆品抗氧化成分

由于虾青素的抗氧化力比传统维生素 C、花青素、儿茶素、维生素 E、辅酶 Q10 等都要高，已成为具有抗氧化作用商品的新宠儿。虾青素的作用主要是对抗紫外线对皮肤造成的光老化伤害，缓解光老化破坏皮肤屏障功能及产生皮肤皱纹等。它的抗氧化机制也能够帮助皮肤抵御氧化过程中产生的问题，如消除氧化过程中产生的自由基。自由基会引起慢性发炎，使皮肤受到破坏。另外，化妆品生产出来后，也应在漫长的储存期依旧保持活性和功能。为此目的，虾青素已成为当前各大化妆品公司会选择的抗氧化剂和保持活性的必要成分。

3. 对皮肤的保护作用

皮肤老化包括抗氧化物的减少、炎症反应、DNA 损伤以及基质金属蛋白酶（MMP）的生成。基质金属蛋白酶需要 Ca^{2+}、Zn^{2+} 等金属离子作为辅助因子，会降解真皮层的胶原蛋白和弹性蛋白。氧化应激在皮肤老化和损伤中也起着重要作用。接受了 4 周每天 4 mg 虾青素胶囊治疗的中年志愿者，分析其残余皮肤表面的成分，结果显示，角膜细胞脱落和微生物存在水平明显降低，血浆中丙二醛持续下降，说明虾青素具有很强的抗氧化作用，可使面部皮肤恢复活力。

（1）抗氧化。虾青素能够激活可使正常细胞免受氧化剂和亲电子试剂伤害的核因子 -E2 相关因子 2 与血红素加氧酶 -1（HO-1）的抗氧化途径（核因子 -E2 相关因子 2 是机体抗氧化防御系统的主要调节因子，能够增强细胞对氧化应激的抵抗；血红素加氧酶 -1 是一种血红素降解的催化酶，在还原型烟酰胺腺嘌呤二核苷酸磷酸和细胞色素 P-450 还原酶及分子氧作用下，催化血红素降解成胆绿素、一氧化碳和铁）。虾青素可刺激抗氧化防御系统产生更多的抗氧化作用，增强免疫，并调节血红素加氧酶 -1 等氧化应激反应酶的表达，这些酶不仅是氧化应激的标志物，也参与细胞适应氧化损伤的调节机制。

（2）抗炎。持续的氧化应激会导致慢性炎症，紫外线照射会使皮肤中各种促炎标志物增多，如角质形成细胞释放促炎介质。当紫外线开始损害我们的皮肤细胞时，我们的炎症系统就会启动，使皮肤发红。虾青素通过减少活性氧的产生和减少炎症因子的表达来减轻紫外线诱导的皮肤损伤。长期预防性的虾青素补充可以抑制与年龄相关的皮肤老化。口服虾青素还可降低紫外线照射后诱导型一氧化氮合酶和环氧合酶 -2 的水平，减少角质形成细胞释放的前列腺素 E_2。虾青素能通过阻断人角质形成细胞中在调节感染的免疫应答中起关键作用的核因子 -κB 的活化来抑制炎症介质的产生，从而为控制皮肤炎症提供了新的应用前景。

（3）DNA 修复。虾青素能在限制紫外线诱导的 DNA 损伤、皮肤损伤方面发挥作用。虾青素能限制 DNA 修复错误导致的突变，改善 DNA 修复动力学。虾青素对 DNA 损伤的抑制也导致了对氧化应激酶的刺激，通过在细胞存活和凋亡中起重要作用的 Akt 途径的抗氧化和抗炎活性来防止 DNA 损伤（Akt 途径通过对靶蛋白进行磷酸化来发挥抗凋亡作用），增强线粒体功能和 DNA 修复。虾青素在 Akt 途径调节中发挥作用，从而有助于稳定基因组和对抗 DNA 损伤。口服 2 mg 或 8 mg 虾青素胶囊 8 周可显著减少 DNA 损伤、炎症和氧化应激，以及增强免疫反应，使自然杀伤细胞、T 细胞、B 细胞和 IL-6 的水平增加。

（4）愈合伤口，延迟老化表现。皮肤老化的特征是细胞外基质如胶原、糖胺、聚糖和弹性蛋白的各种结构发生变化。这些变化导致皮肤弹性丧失、干燥、皱纹形成和伤口愈合延迟等各种老化表现。虾青素能抑制多种细胞如巨噬细胞、真皮成纤维细胞和软骨细胞中基质金属蛋白酶的表达，可提高与伤口愈合相关的各种生物标志物的表达。虾青素能改善皮肤经皮水分的流失、皮肤光滑性、皮肤年龄点、含水量和弹性。每天补充 4 mg 虾青素，为期 6 周，对人体皮肤的美容效果显示，细纹、皱纹和弹性与基线处测量参数的初始值相比有显著改善。人体临床研究显示，当每人每天补充 6 mg 虾青素，为期 6 周，皮肤皱纹、年龄点大小、皮肤纹理、表皮水分损失和皮脂油水平等参数显著降低，同时角质细胞层的皮肤弹性和含水量显著增加。

（5）防紫外线辐射，抗辐射保护皮肤。紫外线辐射是导致表皮光老化和皮肤癌的重要原因。紫外线可导致活性氧的生成，从而使可降解多种细胞外基质成分的基质金属蛋白酶的生成上调，最终导致细胞外基质降解加剧。胶原蛋白通常广泛存在于动物的皮肤、牙齿、韧带肌腱及骨骼等部位，一般为白色透明状，其作用是保护和支撑各种结缔组织。但人体在紫外线的照射下会产生活性氧和基质金属蛋白酶，这些因子会摧毁真皮层的胶原蛋白基质，这是皱纹产生的根源。紫外线分为长波和短波，因为短波紫外线波长较短，90% 会被皮肤的角质层阻挡住，所以短波紫外线主要作用在表皮，导致晒伤或黑色素的沉积，形成斑点或皮肤变黑。但是长波紫外线的波长较长，对皮肤的穿透能力较强，超过 50% 的长波紫外线能够穿透至皮肤真皮层甚至皮下组织，从而对表皮和真皮层起作用，损伤胶原蛋白和弹性蛋白，进而引起皮肤的光老化和其他疾病，甚至可能诱发皮肤癌等。而虾青素具有独特的分子结构，其吸收峰值为 470 nm 左右，与长波紫外线波长（380～420 nm）相近，因此微量的虾青素就可以吸收大量的长波紫外线，高效防紫外线辐射，淬灭紫外线引起的自由基，减少紫外线对皮肤的伤害。虾青素可以保护皮肤组织胶原蛋白免受长波紫外线照射导致的损伤和降解，减轻长波紫外线诱导的光老化症状。

（十八）虾青素防止皮肤老化

皮肤老化表现为皱纹比较多、皮肤比较粗糙、毛孔比较粗大。皮肤老化过程可以分为两部分：一部分与年龄增长有关，随着年龄增长，身体机能、器官逐渐衰退而引发的一系列老化"病症"；另一部分则是氧自由基氧化造成的肌肤氧化，身体在新陈代谢过程中自由基增加，攻击皮肤细胞而带来细纹、皱纹、松弛、色素沉着等种种问题。皮肤老化一般从 30 岁左右开始，无论是抵御皮肤氧化还是皮肤老化，皆不可避免抗氧化这一重要步骤。为使皮肤老化变慢就需抗衰老，应从防晒、抗糖化和抗氧化三个方面入手。补充具有强大抗氧化作用的虾青素可以减少自由基的产生，对身体有多种保健作用，延缓衰老。

1. 防晒作用

每天适当的晒太阳是身体产生维生素 D 的必要手段，对人体健康是有利的。在阳光不太强烈的时段，每天晒半小时是必要的，但过度晒太阳会促使皮肤老化甚至病变，所以要注意防止过度的光照。长期阳光暴晒、风吹雨淋或海水侵蚀易使皮肤衰老，光老化是提前衰老的最大杀手。虾青素可作为高效的光保护剂。将虾青素油涂在无毛小鼠的皮肤上，用紫外线辐射持续照射小鼠 18 周模拟光老化皮肤，结果表明，与未使用虾青素的辐照组相比，虾青素能减少皮肤皱纹，保护皮肤组织胶原蛋白免受紫外线导致的损伤和降解。虾青素可以通过抑制核因子 -κB 激活来保护人体组织免受氧化和紫外线伤害。涂抹虾青素 - 胶原蛋白偶合物（10 mg/mL）6 周能有效缓解皮肤增生，修复皮肤胶原纤维和纤维网状结构，改善紫外线引起的皮肤光老化损伤。

　　紫外线辐射是引发炎症的因素之一，晒伤实际上是一种炎症过程。皮肤等组织暴露于强光尤其是紫外光下，可导致细胞膜及组织产生单线态氧和自由基，使机体受到氧化损伤。虾青素的防晒作用与其抗炎作用相关，服用虾青素可使紫外线辐射引起皮肤发红所需的时间显著增加，抵抗紫外线辐射，且有益于淡化皮肤皱纹、增强皮肤弹性。虾青素能够在皮肤受光照时消耗在胃肠道黏膜上皮细胞迁移、增殖和分化过程中发挥重要作用的丁二胺（腐胺），口服虾青素对丁二胺积累的抑制作用比口服维生素 A 更强。因此，虾青素的强抗氧化性可使其成为潜在的光保护剂，有效清除引起皮肤老化的自由基，保护细胞膜和线粒体膜免受氧化损伤，阻止皮肤光老化。脂肪或组织暴露于光照下特别是在紫外线照射下，通过产生单线态氧、自由基以及诱导光氧化而损害脂肪或组织。相对 β- 胡萝卜素和叶黄素等类胡萝卜素，虾青素能够更有效地抑制脂肪或组织的光氧化作用。当机体从食物中摄取充足的虾青素时，则能有效降低这些伤害。研究证明，虾青素能够保护鲑鱼的皮肤免受紫外线损伤，这表明虾青素具有成为可食用光保护剂的潜力。

　　虾青素在人体内具有累积效应，连续服用虾青素会在器官中积累。两周是虾青素在人体皮肤中积累的相对较短时间。当皮肤因暴露在紫外线下而发炎时，发炎通过皮肤发红变得可见。为了解服用多少虾青素才能有效降低紫外线照射引起的皮肤发红（皮肤红斑），给受试者每天补充 4 mg 天然虾青素，持续两周后，再检测受试者皮肤发红状况，发现紫外线辐射使皮肤发红所需的时间显著增加。这项研究证明，天然虾青素仅两周就能起到内部防晒的作用。皮肤因暴露在紫外线下发炎而发红，这与其他形式的炎症并无太大区别，肿胀的脚踝、发炎的伤口和擦伤以及关节炎的手都可能因发炎而呈现红色。我们应当知道，当身体最大的器官皮肤发红时，即炎症已经发生了。虾青素能有效地清除单线态氧和自由基，因此对皮肤的脂质过氧化、晒伤反应、光毒性和光过敏等多种光损伤具有重要的保护作用。

2. 抗糖化

皮肤领域的糖化反应，指的是皮肤因新陈代谢过慢，导致在血液中游离的多余的糖分子如葡萄糖等，错误地粘贴到蛋白质上，引起蛋白质变性，使胶原蛋白断裂或紊乱，皮肤便会出现皱纹、粗糙，生成一种褐色的蛋白质，使肌肤暗沉和出现色斑，这一有害反应对衰老起着推动作用。抗糖化就是要减少体内多余的糖分，减少这种结构稳定的晚期糖化产物褐色蛋白质的生成，延缓皮肤衰老。糖化是皮肤老化的重要原因，抗糖化有助于抗皮肤老化。在避免过量糖摄入、减少糖化反应的同时，做好抗氧化就能在一定程度上预防糖化。因为自由基也是诱发糖化反应的前提之一，服用虾青素就有助于减少自由基诱发的糖化反应。

3. 抗氧化

抗氧化是抗氧化自由基的简称。人体是需要氧气的，普通氧气并不会损伤人体，但氧自由基会促使皮肤老化。人体与外界的持续接触，包括呼吸（氧化反应）、外界污染、放射线照射等因素不断在人体体内产生自由基。抗氧化就是要消灭氧化过程中的罪魁祸首——自由基。抗氧化剂在低浓度存在时就能有效抑制自由基的氧化反应，虾青素就可以直接清除自由基，或是间接消耗掉容易生成自由基的物质，防止发生氧化反应。

由上分析可知：使用虾青素抗氧化产品是防止皮肤老化的有效手段之一。虾青素作为自然界的抗氧化之王，可有效清除自由基，延缓衰老。在平日做好防晒，抗糖化、抗氧化，及清洁、保湿的基础上，为防止皮肤衰老可合理选择一些虾青素产品。

（十九）虾青素可预防骨质疏松

骨质疏松症已经成为 50 岁以上人群的重要健康问题，截至 2018 年，我国 50 岁以上人群的骨质疏松症患病率达 19.2%，65 岁以上人群的骨质疏松症患病率达 32.0%。骨质疏松症引发的骨折等并发症严重影响患者生活质量，也给家庭、社会带来沉重的负担。绝经后骨质疏松症是一种与衰老有关的代谢性骨病，其特征是骨量的减少和骨微结构的改变，能导致髋部和脊柱骨折。研究表明，虾青素具有类似雌激素的效应，可以抑制大鼠去卵巢骨质疏松的发生，能改善雌激素不足引起的骨量丢失，预防或降低此类致衰老骨质变化的发生，对雌激素缺乏导致骨质疏松的大鼠有保护作用。

糖尿病性骨质疏松症是一种发生在骨骼系统严重而常见的糖尿病并发症，约三分之一的糖尿病患者因血糖控制不佳引发骨代谢紊乱，最终发展成糖尿病性骨质疏松症，具有较高致残和致死率。目前对糖尿病性骨质疏松症主要是采取控制血糖和抑制骨吸收、抗骨质疏松药物联合治疗，还没有针对糖尿病性骨质疏松症的特异治疗方案。虾青素通过其抗氧化性，能起到降低血糖和降低骨吸收的作用。单独使用高压氧或振动训练均能对糖尿病性骨质疏松症大鼠起到降血糖、提升骨密度、改善骨生物力学性能的作用。若将高压氧加振动训练加虾青素组合方案用于糖尿病性骨质疏松症的辅助治疗可以达到有效控制血糖、缓解胰岛素抵抗、降低骨吸收、提升骨密度、改善骨生物力学性能的效果，且效果明显优于单独使用高压氧或振动训练。

（二十）虾青素具有延缓衰老作用

衰老的自由基学说认为，衰老是由自由基引起组织损害的结果，人类抗衰老史就是一部抗氧化史。环境的重度污染、社会压力、光老化等促使人们提前老化。内源性、外源性化合物以及辐射产生的活性氧自由基与突变、衰老及癌症等都有关系。年龄的增长会使人体内部抗氧化防御系统失灵或活性降低，使身体失去产生高水平抗氧化剂的能力，如超氧化物歧化酶、过氧化氢酶和谷胱甘肽过氧化物酶减少。增强抗氧化系统活力、服用抗氧化剂抑制自由基产生，被认为是在生物途径上防氧化损伤、降低老化速率的方法。在动物界氧化代谢率低、抗氧化能力强的动物，较不易生病，且寿命长。虾青素可以通过清除自由基、防止线粒体过氧化、保护细胞膜、减少细胞损伤、维持胶原蛋白等作用，将一些疾病扼杀在摇篮里，从而延缓衰老，为人类衰老过程带来转变。

1. 防止线粒体过氧化、保护细胞膜

衰老的主要原因是线粒体的过氧化损伤加速了细胞的老化。虾青素具有保护线粒体和抗衰老的作用。研究表明，虾青素防止大鼠肝脏线粒体的体外过氧化效率是维生素 E 的 100 多倍。虾青素的长多烯共轭烃链和末端 α- 羟基酮的环状结构使细胞膜刚性增加，细胞膜内外的抗氧化能力增强，同时改变了细胞膜的通透性，对细胞膜产生强大保护作用，保证细胞的正常生理功能。虾青素及类胡萝卜素等抗氧化剂可以通过调节基因表达和诱导细胞间信息传递，保护细胞的健康、延缓细胞的老化和身体衰老进程。有人通过基因工程，将一种抗氧化剂装载到小鼠细胞的线粒体中，结果这些小鼠的寿命比对照组延长了 20%，患心脏病和白内障的数量也减少了。

2. 延缓皮肤衰老

皮肤的衰老很大一部分原因是细胞的老化，而细胞的老化源于真皮层的胶原蛋白被氧化和断裂，对表皮的支撑作用消失，从而引发皮肤黯淡、松弛、干燥以及产生各种细纹等。虾青素的强抗氧化性，能帮助减少细胞损伤，维持胶原蛋白的作用，延缓皮肤衰老。

3. 抗氧化作用

虾青素在体内能够清除氧自由基、羟自由基和超氧阴离子自由基等多种自由基。虾青素抗氧化能力的测定可通过体外清除 1,1- 二苯基 -2- 三硝基苯肼（DPPH，是一个稳定的自由基）、2,2- 联氮 - 二（3- 乙基 - 苯并噻唑 -6- 磺酸）二铵盐（ABTS，在 734 nm 有最大吸收）等的能力来确定。虾青素能清除紫外线照射产生的自由基，减少光化学对生物体造成的伤害，延缓皮肤的光老化。虾青素不仅可以抑制污染物所产生的自由基，还可以修复自由基所引起的损伤。虾青素作为抗氧化剂，在医学、保健品以及化妆品等行业中越来越受到重视。

（二十一）虾青素具有维生素 A 的某些功效

虾青素与维生素 A 都有一个长共轭碳氢链。虾青素分子为 40 个碳，分子式为 $C_{40}H_{52}O_4$，维生素 A 分子为 20 个碳，分子式为 $C_{20}H_{30}O$，虾青素的共轭碳氢链比维生素 A 要长一倍。一个虾青素分子经加水分解反应可得到两个 20 个碳的类似维生素 A 的分子。虽然虾青素分解产物不是维生素 A，但仍具有与维生素 A 类似的特性。研究已证明虾青素确实具有类似维生素的性质和某些生物学功能，如抑制多不饱和脂肪酸的氧化、抵御紫外线的作用、改善视力、增强免疫力以及改善生育等。

虾青素的应用

  虾青素由于分子中具有很长共轭双键的多烯烃链和两个末端含 α- 羟基酮的环状结构，可形成共振稳定的碳中心自由基，可以淬灭单线态氧、清除自由基，从而调节身体代谢。2012 年虾青素被我国药品监督管理局批准可作为抗氧化的保健食品添加剂和食用色素。虾青素的抗氧化作用还可用于油脂加工、储存和使用过程中延缓氧化和酸败，可明显改善油脂加工的缺陷。天然虾青素正在成为调节人体机能、改善人体健康的有效保健和医疗产品。虽然我国目前虾青素的应用还处于初级阶段，但市面上已出现了虾青素与茶叶等其他中药材组配的功能产品，以及虾青素与其他抗氧化剂共用的化妆品和口服产品。在养殖业中，虾青素可作为水产养殖、家禽的饲料添加剂，添加虾青素可使养殖动物发育健康、生长速率加快、繁殖能力增强、免疫力提高，特别是用作珍贵水产动物养殖的饵料更得到了认可。

天然虾青素是一种非常安全的类胡萝卜素。虾青素药理、毒理和作用机理的研究，进一步为虾青素作为一种抗氧化剂有着丰富的生物学功能提供了理论基础，使其在食品、高级营养保健品、药品、饲料添加剂和化妆品等领域展示出更大的应用前景。阐明虾青素的抗氧化、抗炎、提高免疫力的生理功能及机制，对于开发和研制预防肿瘤、心血管疾病和慢性退行性疾病等的虾青素制剂提供了重要的理论依据。已开发的多种虾青素产品，目前主要是用于调节免疫系统功能、治疗光氧化损伤、抗肿瘤、抗炎、保护眼睛和中枢神经系统、降血脂、预防心脑血管疾病、保护急性肝损伤、保护关节、改善运动疲劳损伤等方面。

由于天然虾青素供应不足且价格偏高，目前在市场上销售的虾青素产品主要还是使用化学合成虾青素，约占虾青素总量的95%，价格约为每千克2000美元。合成过程含有多种副产物难以彻底除掉，化学合成虾青素产品中还会含有多种虾青素的顺式异构体，使其生物利用安全性降低，因此化学合成的虾青素在食品、饲料添加剂、药品及化妆品上的应用还受到一些限制。由于化学合成虾青素同天然虾青素在结构、性质、应用及安全性等方面均有一定的差异，其稳定性、抗氧化性、着色性等重要性质明显低于天然虾青素，但化学合成虾青素价格较便宜，供应量大。目前化学合成虾青素不能进入保健品市场，但美国食品药品监督管理局、欧盟、加拿大食品监察局已批准其可作为鲑鱼类的饲料添加剂，用于水产饲料领域。天然虾青素的价格约为每千克5000美元，主要用于膳食补充、化妆品和食品添加剂等领域。随着人们食品安全和环境保护意识的提升、技术的进步以及天然虾青素价格的下降，天然虾青素正展现出更好的发展潜力。2017年，虾青素的市值达到5.5亿美元；预计2022年销售额将达到8亿美元，2025年有望达到10亿美元。国外生产虾青素的企业主要在美国、日本、瑞士和德国；国内生产虾青素的企业主要在云南和湖北荆州。虽然目前市场上虾青素的售价很高，但国内外需求量却越来越大。

（一）虾青素使用的安全性

一个产品能否被人们所接受使用，安全性很重要。人类食用含有丰富天然虾青素的虾蟹、鱼类等水生动物已有几千年，从未发现有不良反应和中毒症状，故天然虾青素是安全的。天然虾青素没有任何毒性和副作用，也没有任何其他禁忌证的迹象和不良事件记录，对绝大多数人也没有过敏反应。许多对动物和人类的研究都支持其安全性。多项研究已证明，虾青素无急慢性毒副作用，在致畸性、胚胎毒性、生殖毒性等方面也是安全的。在已报道的研究中，从雨生红球藻中提取的天然虾青素也从未与任何毒性相关，口服富含虾青素的雨生红球藻粉对人体也无任何致病、毒副作用。有报道称，经过系统的人体安全性实验，对两组健康成年人每天分别以 19.25 mg 和 3.85 mg 剂量服用雨生红球藻粉补充虾青素，实验后经过详细监测以及全面分析，虾青素是较安全的。但由于虾青素是脂溶性的，会在动物组织中积累，大量摄入会使皮肤呈黄色甚至是略带红色，但未发现毒副作用，大剂量的虾青素对血小板、凝血和纤溶功能也没有不良影响。

虾青素已经被美国食品药品监督管理局和欧洲委员会视为安全用品，虾青素会给人们身体带来一系列健康益处，人们可以放心地享用。自 1997 年，欧盟国家已经有五种食品中使用了虾青素，每种食品中的虾青素原料都做了与已批准的虾青素新资源食品的实质等同认证。1999 年，美国食品药品监督管理局将天然的虾青素批准作为膳食补充剂，推荐剂量为每天 2 ～ 12 mg，建议连续补充不超过 30 天。按《美国联邦法规》21 章，2000 年雨生红球藻粉和红法夫酵母被批准用于鱼饲料中为鲑鱼着色。2009 年虾青素被美国食品药品监督管理局批准作为鱼饲料中的混合着色剂，之后又被批准可以在多种动物饲料中作为单独着色剂使用。在中国，虾青素于 2009 年在《饲料添加剂 10% 虾青素（GB/T 23745-2009）》中被批准为饲料添加剂。雨生红球藻于 2010 年被国家药品监督管理局在新资源审评中批准为新资源食品（2010 年第 17 号公告），每日推荐摄入干重量 ≤ 0.8 g，但使用范围不包括婴幼儿食品。

1. 最大承受剂量

动物实验中按每天每克体重饲喂小鼠高达 10.4～18.0 mg 的雨生红球藻粉，雌、雄小鼠均未发现死亡和异常现象；以每克体重 400 μg 剂量饲喂大鼠虾青素，41 天后也未发现任何有害作用；连续服用虾青素 13 周，总体观察实验组和对照组小鼠在死亡、体重、食物消耗量、临床参数、眼科学、血液学、临床化学、尿液分析、器官质量和尸检等方面的情况，未发现有显著的生物学差异。在测定大鼠耐受虾青素的剂量的研究中，给大鼠饲喂反式虾青素 13 周后，详细监测动物的体重、皮肤颜色和眼睛，分析血和尿样，表明大鼠能耐受虾青素膳食水平为每千克体重 200 g 剂量范围。在两周的实验期内，将 13 名健康成人分为高、中、低三个剂量组，服用虾青素最高剂量组，即每天每人给予 14.4 mg 虾青素，经检验，虾青素不仅无任何致病作用，而且随着剂量的增加，血清中低密度脂蛋白的氧化速率明显降低。每天服用虾青素 6 mg 并连续 8 周的受试者，经免疫功能测试并未发现有任何不良反应，表明虾青素补充剂对人体不会造成损害，对人类的生命健康无不良影响，说明健康的成人每天可以安全地吸收 6 mg 的虾青素。总之，口服摄入虾青素毒性很低，目前尚未发现有中毒症状的报道。

2. 致畸毒理学研究

2016 年，有人将雨生红球藻提取物中的虾青素对孕鼠进行致畸实验，结果显示胎鼠生长状况良好，未见胎鼠致畸情况。另有研究表明，虾青素对怀孕的澳洲白兔及其胎儿均无不良影响，既不会造成胎兔的死亡，也不会致畸，而且对澳洲白兔子代的性别比例也无影响。

3. 致突变试验

在 Ames 试验（Ames 试验全称为污染物致突变性检测，广泛应用于致癌物的筛选）中，虾青素的浓度为 0.03～5.0 mg，受试物未显示任何致突变作用。分别给予小鼠每千克体重 500 mg、1000 mg、2000 mg 剂量的虾青素，研究其致突变性，结果显示，虾青素并未造成小鼠染色体的破坏和着丝点的断裂。另外，在兔的胚胎毒性研究中，每天给予兔子每千克体重100～400 mg剂量的虾青素，结果显示，孕兔的反应和胎兔的身体发育及畸形情况，对照组和实验组没有明显差异。

4. 膳食安全摄入量

人体研究表明，单剂量摄取100 mg膳食虾青素未发现任何不良反应，而且虾青素的吸收模式与其他类胡萝卜素相似，容易被吸收，在体内容易被各种脂蛋白运输。但是，虾青素又与其他类胡萝卜素如β-胡萝卜素不同，它没有维生素A原（有些类胡萝卜素具有与维生素A1相同的环结构，在体内可转变为维生素A，故称为维生素A原）的活性，所以它发生维生素A中毒（摄入过量的维生素A会引起中毒综合征，急性中毒的症状主要有嗜睡、头痛、呕吐及视乳头水肿等）的风险非常低。基于已公布的数据和得到的动物毒性实验数据，可以推断：成人每天服用5 mg以内的虾青素是非常安全的，而实际上每天服用2 mg的虾青素就能起到良好的保健作用，服用量越大，效果越明显。美国食品药品监督管理局新膳食成分（NDI）公告，允许每天摄入虾青素的剂量可达12 mg。由于虾青素的亲脂性，建议含天然虾青素的膳食补充剂与膳食一起服用，最好与有一定脂肪含量的膳食一起服用。对于没有严重问题（如低生育率或严重的关节、肌腱问题）的普通人，每日剂量为4 mg。以下是虾青素推荐剂量表，可作为消费者使用参考指南：

使用	推荐剂量
抗氧化剂	每天2～4 mg
关节炎	每天4～12 mg
肌腱炎或腕管综合征	每天4～12 mg
肌肤改善	每天2～4 mg
免疫系统增强剂	每天2～4 mg
心血管健康	每天4～8 mg
力量和耐力	每天4～8 mg
脑和中枢神经系统健康	每天4～8 mg
眼睛健康	每天4～8 mg

（二）食品加工过程中影响虾青素稳定性的因素

将虾青素用于食品工业要选择质量有保证的虾青素原料。优质虾青素颜色呈漂亮的暗红色，油状，有淡淡的海藻味，有高效液相色谱检测数据和官方批准文号。优质的雨生红球藻提取物，含 1%、1.35% 或 5% 天然虾青素，置于密封容器内、8℃ 以下储存，避光、避空气接触，在保护容器免受物理性破坏的情况下，保质期应为 3 年，第 36 个月检测有效成分流失率 ≤ 5%。劣质虾青素颜色呈深褐色，糊状，有腥臭味或无味，检测含量往往是用分光光度计检测的，未获官方批准文号，稳定性差，有效成分虾青素 3 ~ 6 个月流失率 > 50%。

在食品加工过程中，由于虾青素分子结构稳定性弱，易受加工方式、温度、氧气、光照、pH、盐离子和金属离子等多种因素影响而发生降解。虾青素的降解不仅会使其失去功能性质，还会损失食物的营养价值，影响食物的色泽等感官特性。虾青素的降解产物中可能含有带苯环的醛类和酮类物质，对人体健康造成影响。因此，了解虾青素在食品加工中的变化规律，有助于选择合适的加工方式以维持虾青素的结构稳定性，保持虾青素特有的理化特征，对营养膳食和人体健康有重要的科学价值。以雨生红球藻粉为原料提取的虾青素在避光条件下冷藏保存并减少与金属离子的接触，可有效降低虾青素的降解速率。

加热对虾青素的稳定性有较大的影响，主要原因在于破坏了在虾、蟹生物体内包裹虾青素的复合载体蛋白，使虾青素暴露后发生降解。食品加工过程虾青素的稳定性首先取决于热加工的方法，煮熟后由于复合载体蛋白的部分分解，与虾青素脱离，虾中虾青素含量比鲜虾显著降低。由于虾青素分子上有羟基，可与脂肪酸形成酯，在虾、蟹体内以酯化态形式存在的虾青素结构稳定。这也是虾青素抗氧化能力高于其他无羟基的类胡萝卜素的一个原因。在同等热处理下，虾、蟹体内虾青素降解速率比大马哈鱼的稍缓慢。微波处理是通过极性分子相互作用，使溶液的温度稳定缓慢上升，在热加工方式中，微波加工相对于水煮能更好地保留虾中的虾青素；水煮加工时，虾的各个部位完全浸没在水中，传热系数在水溶液中更高，使得虾青素降解严重；蒸制是一种比煮制更好的热加工方式，如蒸制的南美白对虾中具有更高的虾青素含量，为 58 μg/g；油炸的温度相对更高（100～230℃），对虾青素的破坏更为显著。虾青素由于容易溶解在油中，所以油炸时虾青素更容易从组织中释放出来，从而使原料中的虾青素含量进一步降低。无论是采用何种热加工方式，如果热处理时间过长，虾青素都会随着水分流失，导致含量下降。光照、酸、碱、乙醇和金属离子都可能引起虾青素结构从反式到顺式异构化，进而发生降解，因此食品加工过程中除了需注意热加工方式，还要注意储存方式。将虾青素置于 70～90℃ 的米糠油、芝麻油、棕榈油中，可保证虾青素的含量在 84%～90%，但在 120～150℃ 下，虾青素的含量会迅速下降。光能刺激类胡萝卜素与自由基的结合，从而加快降解，光化学反应加速了虾青素的损失，因此，晒干虾中虾青素的损失高于使用干燥剂干燥的虾。酸和碱都可能引起双键异构化和酯化，而虾青素在碱性介质中更不稳定。虾青素在 pH=4 时稳定性增加，而当 pH 从 4 增加到 7 时，其浓度降低 60%。铜离子与乙醇同时存在时，也会加速虾青素的降解。在食品加工过程中，为了降低虾青素的降解，可以选择氧化稳定性较强的制剂或者与虾青素相互作用后可以发挥抗氧化保护作用的其他食物成分，如 pH 接近 4 的柑橘类饮料、酸奶和明胶甜点等。适当的维生素 C 和维生素 E 等抗氧化物也可以很好地保护虾青素，避免其降解。

虾青素在食品加工时的降解机制十分复杂。一方面，由于食品加工程序复杂，涉及光、热、金属离子等，会对虾青素的降解产生影响；另一方面，由于食品原料体系复杂，不同原料中的主要成分如纤维素、淀粉、蛋白质、脂、糖等对虾青素的影响尚未明确。因此，加工时需要采用科学的手段不断检测，进一步探索研究虾青素的降解机制，从而维持食品加工过程中虾青素的结构稳定性，保持虾青素特有的颜色特征及功能特性。

（三）油脂体系中使用虾青素抑制脂质氧化降解

油脂氧化主要表现为油脂酸败，是影响食用油脂质量的主要因素。油脂的酸败会影响人体健康，为了延缓油脂在加工、储存以及使用过程中的氧化和酸败，最重要的方法就是在食用油脂中添加抗氧化剂。研究结果表明，虾青素在菜籽油和大豆油中均有较好的抗氧化能力。亚油酸乳化体系是一种常见的检验抗氧化剂抗氧化能力的方法。虾青素抑制亚油酸自氧化的效果明显高于维生素 E。虾青素除了有较长的共轭双键外，在两端的两个环上都有 α- 羟基酮结构，这些结构使虾青素具有较活泼的电子效应，能吸引自由基的未配对电子或向自由基提供电子而清除自由基。

（四）虾青素可与其他抗氧化剂共用

虾青素可以与其他天然抗氧化剂共同使用来发挥抗氧化活性，其他抗氧化剂可能抗氧化性能不如虾青素，但都有各自的特殊功能，与虾青素共同使用对身体会有更全面的保健功能。如虾青素可以与番茄红素、葡萄籽提取物、茶多酚、维生素 C、维生素 E 等多种抗氧化剂共同使用。其中，虾青素是最高效的天然抗氧化剂，特点是能够穿透血脑屏障、血胰腺屏障、血睾丸屏障这三大人类主要屏障，可作用于脑细胞和眼球视网膜，具有保护皮肤、中枢神经和眼睛，抵抗辐射，抗心血管老化、老年痴呆和癌症等功效。抗氧化剂协同使用会相辅相成，进一步增强抗氧化效力和对身体的保健作用，是虾青素应用的一个发展方向。

（五）虾青素在膳食补充剂中的应用

虾青素可将单线态氧多余的能量吸收到共轭分子链中，导致虾青素分子断裂，同时保护其他分子。虾青素还可以提供电子给自由基，阻止自由基引发的链式反应，抑制多不饱和脂肪酸的降解，从而起到保护脂质膜的作用。虾青素清除精氨酸自由基、超氧阴离子自由基以及羟基自由基的能力最强。天然虾青素可作为新资源食品和膳食补充剂的原料，并已成为食品中添加的抗氧化剂的首选。天然虾青素可用作食品着色剂、抗氧化剂，可提升食品品质，增强食品的感观。虾青素由于在人体中表现出多种特殊保健功效，越来越受到人们的青睐，并在功能食品领域得到广泛的应用。目前主要是将其功效定位于抗氧化、强化免疫、抗炎、抗衰老、抗癌、保护视网膜、预防血液低密度脂蛋白胆固醇的氧化损伤等方面。

虾青素在日常食物中含量有限，要发挥其健康作用需在食品中额外添加或添加到膳食补充剂服用。若把游离态虾青素作为着色剂或抗氧化剂使用，只需注意虾青素的安全性即可，而不用考虑旋光异构问题，可以通过天然产物、发酵和人工合成三种途径获得。若把虾青素作为健康功能因子使用，要注意其制备产物存在异构体和衍生物的问题。

1. 在抗衰老功能食品中的应用

机体衰老主要是由线粒体中氧化反应产生的大量自由基诱导的链式反应引起的，若自由基不及时清除，将导致线粒体氧化损伤，加速机体细胞的衰老。虾青素具有极强的抗氧化活性，可以高效地清除自由基，减缓与年龄有关的功能衰退，帮助抵抗衰老。目前已有虾青素抗衰老功能食品、虾青素与美容因子搭配的组合食品等。

2. 在增强免疫功能食品中的应用

在抗原入侵初期，虾青素能增强特异性体液免疫反应。在有抗原存在时，虾青素能显著增强脾细胞产生抗体的能力，虾青素具有最佳诱导细胞分裂的活性，能提高人体免疫球蛋白的产生，可以作为免疫调节剂发挥巨大效用。因此，将虾青素应用于增强机体免疫的保健食品中是开发虾青素的重要方向，已经推出多种虾青素增强免疫功能营养产品，推出虾青素与其他功能提取物组配的方法，生产出多种功能性作用更高的新产品。

3. 在护眼功能食品中的应用

人类视网膜中含有的多不饱和脂肪酸和高浓度氧比其他任何组织都高，当高能量蓝光作用于视网膜时，由光氧化产生的单线态氧和氧自由基会对视网膜产生过氧化损伤。对于人和其他动物而言，膳食中的类胡萝卜素是保护眼睛健康所必需的，可将这些损伤性的活性氧淬灭，帮助视网膜抵抗氧化损伤。引起视觉伤害甚至失明的主要疾病有年龄相关性视黄斑退化和老年白内障，这两种疾病都与眼睛内部光氧化过程有关。虾青素能通过血脑屏障，可有效防止视网膜的氧化和感光器细胞的损伤，因而，虾青素在预防和治疗年龄相关性黄斑变性、改善视网膜功能方面具有良好效果。开发用虾青素维护眼睛健康的功能食品是当前研究的一个热点，如将虾青素与蓝莓提取物组配，可强化对视力的保护效果。

4. 作为功能食品中的添加剂

虾青素不仅可以作为免疫增强剂、抗炎剂、抗衰老剂等功能成分添加到食品中，还能够有效地起到保鲜、保色、保味、保质等抗氧化作用。虾青素作为食品着色剂、抗氧化剂，可保护食品的原有营养成分不受破坏损失或改善感官性状，增强食品对消费者的吸引力。

虾青素是脂溶性色素，呈艳丽的红色，具有极强的色素沉积能力，着色力强，安全无毒，用量少，无异味，口感好，可以用于很多保健品、药片糖衣、胶囊的着色，也可直接应用于油脂、人造奶油、冰激凌、糖果、糕点、挂面、调料等食品，尤其是用在含脂类较多的食品中，既有良好的着色效果又有显著的保鲜、保质及营养作用。虾青素还可用于饮料着色，特别是对含维生素 C 的果汁最适用。国外虾青素作为功能食品添加剂的使用已比较普遍，含虾青素的红色油剂可广泛用于蔬菜、海藻和水果的腌渍，且已申请专利；虾青素在饮料、面条、调料着色等方面的应用也有报道，并申请了专利。

5. 在高级营养保健品、药品等中的应用

随着虾青素生物功能研究和药理药效实验的逐步深入，目前国际上已经利用虾青素开发人类的高级营养保健品、药品和化妆品。如缓解运动疲劳的虾青素产品，有益关节、保护心脑血管、治疗心肌梗死的药物，皮肤外用制剂产品，眼保护制剂以及饮料产品。

6. 常见应用领域

目前常见的虾青素的应用领域包括：膳食补充剂（胶囊、冲剂、压片糖果）；用于去皱、去斑、防晒的含虾青素的化妆品；抗老化产品，如虾青素眼霜、面霜、面膜、护手霜，可以保持皮肤水分的虾青素精油、润肤露、口红等；含虾青素的抗炎产品，其能降低炎症因子表达、减少致炎物质分泌，对光敏性皮炎和特异性皮炎具有保护作用；保持皮肤弹性的虾青素产品，能修复受损皮肤胶原蛋白，增强人皮肤中胶原蛋白的生成；加速愈合的虾青素产品，能减轻伤口处氧化应激，促进伤口愈合；淡化色斑的虾青素产品，可以抑制色素沉积，淡化老年斑。目前在市场上可见到的含虾青素的日化用品，如：虾青素牙膏、漱口水，具有强力抗炎、抗氧化功能，可用于减轻牙龈疾病；虾青素香皂，可以去除色斑、皱纹；虾青素运动型饮料，降低肌肉中的乳酸含量，减轻运动后关节、肌肉酸痛，增强耐力和力量，有助于运动后的体力恢复；口服美容防晒剂，防止紫外线等对皮肤的损伤、老化。

（六）虾青素应用于饲料工业

虾青素可以增强动物免疫力，且有着色功能。在我国《饲料添加剂品种目录（2013）》中规定了虾青素可用于饲料添加。虾青素用于禽畜饲料可以增强机体免疫力、改善繁殖功能以及提高产品的营养价值，特别是在水产养殖中具有提高类胡萝卜素总含量、增色及增加抗氧化能力的作用。虾青素能抑制哺乳动物一些 DNA 聚合酶的活性，消除 12- 氧 - 十四烷酰佛波醇 -13- 乙酸酯（TPA）诱导的炎症反应。虾青素可以防治动物中多种常见炎症，可在畜禽养殖中防治疾病。目前，虾青素已经作为饲料添加剂广泛应用于水产类养殖行业，如鲍鱼、鲟鱼、鲑鱼、虹鳟鱼、真鲷、甲壳类动物及观赏鱼类等的养殖。虾青素还作为各种禽类、生猪的饲料添加剂。在不含任何增色剂的基础饲料中添加适量的虾青素，有增强抗氧化性效果。而在饲料中虾青素、叶黄素和 β- 胡萝卜素共用，抗氧化性会显著增强。目前虾青素作为饲料添加剂的主要作用有以下几个方面。

1. 增加营养及商品价值，提高畜禽产品的品质

由于虾青素所特有的着色作用，饲喂虾青素可以提高畜禽产品的品质。添加到饲料中的虾青素若积累在鱼类及甲壳类体内，使成体呈红色、色泽鲜艳、富含营养，其价格比普通成体高出许多倍。天然虾青素呈艳丽的红色，可与肌红蛋白非特异性结合，具有极强的色素沉积能力，其作为一种功能性营养色素，不但可用于食品，而且可改善动物皮肤和肌肉的颜色。天然虾青素能够更好地进入海鲷和许多热带鱼等鱼类的皮肤，从而使它们的皮肤呈现出更加鲜艳和自然的颜色，改善观赏鱼的皮肤和肌肉的颜色。

家禽饲喂添加虾青素的饲料后，蛋黄量增加，皮肤、脚、喙呈现出金黄色，这些都大大提高了禽蛋、禽肉的营养及商品价值。在家禽饲料中添加一定浓度的天然虾青素，或将虾青素添加到蔗糖溶液中饲喂家禽，可促进家禽的生长、提高家禽的产蛋率、使蛋中蛋黄量增加。虾青素积累在蛋黄中，增加了蛋黄色泽，提高了全蛋和蛋黄质量。有报道称，在蛋鸡饲料中添加5%的含虾青素的海产副产品就可改善蛋黄的色泽，使鸡蛋中含有虾青素，人可以通过食用鸡蛋摄入虾青素，增强抗氧化能力，大大提高了鸡蛋、鸡肉的营养及商品价值。

2. 提高动物体抗氧化能力

虾青素在啮齿动物和犬科动物中都有显著的保护心脏作用，可提高免疫力，改善心血管健康，增加机体耐力，给眼睛和大脑带来抗氧化保护，甚至可以预防癌症。实验表明，虾青素茶叶对老龄小鼠有明显的抗氧化作用，把虾青素茶叶做成软胶囊状，对老龄小鼠具有同样的抗氧化效果，且食用安全性更高；用雨生红球藻粉饲喂的大鼠，其血浆和肝细胞中超氧化物歧化酶、过氧化物酶的浓度都明显提高，表明虾青素具有极强的抗氧化能力。以血鹦鹉、白对虾、凡纳滨对虾以及中华绒螯蟹成体雌蟹等为研究对象，分别在喂养它们的饲料中添加适当含量的虾青素，发现这些动物体内抗氧化酶活性显著上升，促氧化酶活性下降，这也充分表明了虾青素对于提高这些动物的抗氧化活性有显著的影响。

3. 增强畜禽机体免疫力，缓解炎症

虾青素在抗氧化、消除自由基方面均强于 β- 胡萝卜素，且可以促进动物体内抗体的产生、增强动物的免疫功能，免疫调节与抗氧化性相结合，在防止畜禽疾病的发生与传播中具有重要作用。虾青素具有活化免疫因子的作用，不但显著增强机体局部和全身的免疫能力，而且能抵抗炎症，显著改善畜禽的健康状态，降低传染病的发生。研究显示，雨生红球藻粉中酯化态形式的虾青素可预防和治疗马的肌肉机能障碍、奶牛的乳腺炎和幽门螺杆菌引起的胃肠道炎症等疾病，已是一些畜药配方中的首选成分。在饲料中添加虾青素还能提高蛋鸡的产蛋能力，能使沙门氏菌感染急剧下降，降低鸡的总死亡率，改善鸡的总体健康状况。在家禽的饲料中添加从红法夫酵母中产生的虾青素，按每千克体重 3.458 mg 或 6.915 mg 饲喂，可使 22 ～ 42 日龄肉鸭体重增长加快，降低 1 ～ 42 日龄肉鸭的料重比，并提高机体抗氧化功能和肉的品质。

新城疫是危害养禽业的一种传染病，虾青素可以提高新城疫疫苗的免疫活性，强化蛋鸡的免疫应答反应和新城疫疫苗的免疫效果。虾青素的最佳添加量为饲料的 1.5%，对抗体的产生与持续时间影响效果最显著。在蛋鸡进行新城疫疫苗免疫的过程中，添加虾青素能够明显提高抗体水平，显著提高免疫器官指数，促进 T 淋巴细胞的增殖。在添加虾青素的实验组中，T 淋巴细胞百分率均有所升高，提高虾青素浓度，T 淋巴细胞百分率也提高，说明在饲料中添加适量的虾青素能够显著提高 T 淋巴细胞百分率。在家禽饲料中随着添加虾青素浓度的提高，添加比例增大，免疫增强效果越明显。

4. 改善畜禽繁殖能力

虾青素不仅可以改善雌性动物的繁殖水平，还可以提高雄性动物的精液品质。研究表明，虾青素能显著改善猪身上三个独立的生育指标，即出生率、活产百分比和每头母猪生出的仔猪数。将猪的卵母细胞用添加虾青素的成熟培养基在 41℃下培养 46 h，发现显著提高了卵母细胞的成熟、受精和发育至胚泡阶段的水平，说明虾青素通过发挥抗氧化作用

改善了热应激的猪卵母细胞的发育能力，提高了仔猪的存活率和抗病能力。而给公猪饲喂虾青素，按照每天每千克体重 0.01 ～ 1 mg 的添加量，可增加公猪的射精量。在培养牛黄体细胞时添加低浓度（＜10 nmol/L）的外消旋虾青素，发现细胞培养液中黄体酮含量增加，表明补充虾青素可能有助于提高受孕率。给育成期雌性貂饲喂含有虾青素的藻粉，雌性貂体内的黄体数、胚胎着床部位和胎儿数都有升高的趋势。在饲料中添加 10^{-5} mg 的虾青素可提高鱼的产卵率、卵浮力和存活率，增加鲑鱼育苗期的受精率、卵存活率和生长率，还可提高幼虾的存活率。

5. 用于水产养殖业

虾青素是水产动物必需的功能成分，水产养殖业是虾青素最大的市场之一。虾青素对水产动物的正常生长和健康养殖，以及提高它们的存活率和繁殖率都具有极为重要的作用。在水产养殖中以虾青素作饲料添加剂生产的水产品在市场上更受欢迎，其价格也比普通的鱼虾高出许多。美国食品药品监督管理局于 2009 年批准虾青素可作为鱼饲料等多种动物饲料中的混合着色剂，用以提高水产动物的着色。虾青素进入动物体后可以不经修饰或生化转化而直接贮存于组织中，使一些水产动物的皮肤和肌肉出现健康而鲜艳的颜色，因此虾青素是鱼类饲料中的首选色素。在对虾养殖和饲料加工中，雨生红球藻虾青素比合成虾青素在虾饲料中的稳定性更高，可显著提高幼虾活力、促进生长、增加抗氧化酶表达，综合经济效益更好；在对虾后期养殖中，雨生红球藻虾青素可明显提高对虾肌肉硬度、虾长度、虾产量，使机体抗氧化酶的活力提高，诱导免疫酶的基因表达，也能提高对虾抗低温、低氧等应激能力，有利于活虾的长途低温运输。在蟹类养殖中，雨生红球藻虾青素在体内的分布存在选择性，可提高中华绒螯蟹性腺的粗蛋白、肌肉中多不饱和脂肪酸的含量，其增色效果好于其他来源的虾青素，特别是在中华绒螯蟹肝胰腺和头胸甲中的虾青素增加量尤其明显，养成蟹的整体品质更好，养殖综合经济性也更高。在虹鳟养殖中，用雨生红球藻提取虾青素后的藻渣饲喂，发现藻渣不但能提高其色泽，而且可改善鱼肉的品质。在水产饵料轮虫养殖中，虾青素可有效增加群体挂卵轮虫的数量和总卵数，进而显著提高轮虫生长与繁殖速率。

用含有虾青素的饲料饲喂大西洋鲑鱼，可增加其组织中维生素A、维生素C、维生素E的含量。虾青素在大西洋鲑鱼肌肉中沉积后表现为独特的红色，很受消费者欢迎。鲑鱼、虹鳟鱼和鲟鱼食用含有一定浓度天然虾青素的饲料后，鱼皮和肌肉中因积累了天然虾青素而呈红色，且肉质鲜美、营养增加，抗病能力和繁殖能力增强。虾青素作为水产养殖饲料添加剂，添加量可达80 mg/kg。在俄罗斯用鲟鱼做的实验中，饲料转化率提高了30%。天然虾青素是酯化态形式的，与游离态虾青素不同，其能够更容易地穿透整个身体。虾青素还可作为天然激素促进鱼卵受精，减少胚胎的死亡率，促进个体生长，增加成熟速度和生殖力。

人工养殖的三文鱼，虾青素含量低时，鱼肉成淡粉色，而喂养虾青素饲料后，鱼肉呈鲜艳的红色，不同的鱼肉颜色代表不同的产地、价格及品质。研究虾青素对大西洋鲑鱼鱼苗存活率和生长率的影响发现，如果没有饲喂虾青素，这些小鱼中只有17%存活下来成为成鱼；当饲料中虾青素的含量上升到0.001‰时，存活率增加到87%，且鱼苗的生长速度是原来的2倍以上；当虾青素的含量上升到0.0137‰时，存活率增加到98%以上，鱼苗的生长速度比没有饲喂虾青素的鱼快6倍以上。由此可见，鲑鱼养殖户一定要确保其饲料中含有虾青素，以保持幼鱼的存活，使它们生长得更快，色素沉着使养殖户能够更好地出售鱼。虾青素对大西洋鲑鱼的生存至关重要，有助于确保养殖作业的经济可行性。

6. 用于观赏动物养殖

火烈鸟的饲料中添加天然虾青素，羽毛成鲜红色，体内色素沉积程度不够时，新长出的羽毛呈白色。在红剑尾鱼、珍珠玛丽鱼及花玛丽鱼等观赏鱼的饲料中添加50 mg/kg的虾青素，能有效地改善鱼的体色，提高其观赏价值。

（七）虾青素在化妆品中的应用

虾青素是自由基、活性氧和活性氮的强力清除剂，在很多化妆品品牌中已有应用，具有抗氧化、抗皱效果。虾青素能够显著减弱活性氧和 N-甲基吡咯烷酮（NMP）对真皮层胶原蛋白、弹力蛋白的破坏，启动皮肤自身的修复机制，重建损伤的胶原蛋白，保证皮肤正常代谢。虾青素还可以美白、去斑，改善唇部粗糙、赋予唇部色彩，抑制体味。国内企业对于虾青素的关注度正与日俱增。许多化妆品添加了天然虾青素，品牌推出了虾青素系列保湿霜、抗皱眼霜、面膜、口红等。天然虾青素含量在 20% 以上可使产品带有美丽的鲑鱼色，且具有抗氧化作用，大大有助于皮肤健康。虾青素作为新型化妆品原料，以其优良的特性广泛应用于膏霜、乳剂、唇用香脂等各类化妆品中。但由于虾青素本身不稳定，容易降解，成为对其大规模应用的掣肘，虾青素要想在化妆品领域被更广泛地应用，还要经过研究人员不懈的努力。

1. 用于面部护肤霜

虾青素可以渗透到肌肤深层，有效减弱光氧化带来的对真皮层胶原蛋白的破坏，保证皮肤正常代谢，紧致而有弹性。虾青素具有超强消灭自由基的能力，可以防止皮肤细胞受到自由基的损伤，减少皱纹及雀斑的产生。在护肤霜中添加 0.2% 粉末天然虾青素，能减少皱纹、去除色斑和增白，并延缓皮肤衰老。又如一种护肤精华液，添加了虾青素，能去除活性氧中毒，并且有效抑制对细胞有连锁性伤害的过氧化脂质的生成。

2. 用于防晒化妆品

虾青素能有效清除体内由紫外线照射产生的自由基，降低这些由光化学引起的伤害。虾青素对转谷氨酰胺酶具有特殊作用，能够在皮肤受光时消耗丁二胺，可用于阻止皮肤的光老化、防止诱发皮肤癌。紫外线主要分为三个波段：短波紫外线（波长 230～275 nm）、中波紫外线（波长 275～320 nm）和长波紫外线（波长 320～400 nm）。由于大气层对紫外线的阻挡作用，入射到地球表面的紫外线辐射波长范围主要在

280～400 nm，即长波紫外线和中波紫外线，且绝大部分是长波紫外线，约占 95% 左右。长波紫外线对皮肤的穿透能力远超过中波紫外线，90%的中波紫外线会被皮肤的角质层阻挡住。虽然长波紫外线的能量只是中波紫外线的 1/1000，但却是导致皮肤遭受外界氧化应激的主要因素之一，是导致表皮光老化和皮肤癌的重要原因。长波紫外线辐照产生大量的活性氧，会引起细胞内脂质与蛋白质的氧化损伤，同时激活蛋白激酶信号通路，增加基质金属蛋白酶的基因转录，进而降解胶原蛋白，最终引起老化相关的改变。超过 50% 的长波紫外线能够穿透至皮肤真皮层甚至皮下组织，而对表皮层和真皮层起作用，对皮肤的损伤主要集中在表皮层和真皮浅层，进而引起皮肤的光老化和其他疾病，甚至可能诱发皮肤癌。虾青素光吸收峰值跟长波紫外线波长相近，因此可以吸收长波紫外线，可作为防晒剂。虾青素应用于防晒乳液中能持久抵御紫外线照射、抗氧化、消除自由基，对晒黑、晒伤及衰老等有出色的防御效果，还有助于修复先前受损的皮肤，能长时间抑制及淡化黑色素，给肌肤提供长效美白效果。在高级化妆品领域，天然虾青素可通过抗氧化作用，高效地淬灭由紫外线照射产生的自由基，减少紫外线对皮肤的伤害，防止皮肤光老化和皮肤癌的产生，延缓细胞衰老，减少皮肤皱纹、黑色素沉积、雀斑产生，保持水分，让皮肤更有弹性、张力和润泽感。已有利用虾青素的抗光敏作用生产化妆品的专利。

3. 用于化妆品的着色剂

固态的虾青素为有金属光泽的紫色片状结晶，溶剂中的虾青素为红色。虾青素是一种脂溶性的色素，具有独特的着色功能和强抗氧化性。在化妆品中，不仅能有效地起到保色、保味、保质等作用，还可作为着色剂，用于唇膏、口红等中。

第八章

虾青素运载体系和制剂

虾青素的抗氧化性及其他生理功能与其分子结构密切相关。但由于虾青素的分子结构易受到氧气、光照、高温以及金属离子等外界环境的影响，性质不稳定，具有水溶性差、在机体内不易分散等缺点，会降低生物利用率，影响生理功能，尤其是对有肠胃功能障碍以及消化系统功能弱的特殊人群表现更为显著。研究影响虾青素生物利用率的外部因素和机制，是探索和解决天然虾青素作为功效因子用于特殊膳食食品或保健食品的过程中应重视的科学问题。虾青素在消化液中的溶解度以及与肠道中胆碱、脂类等物质的结合过程会影响虾青素被机体吸收进入人体循环参与生理功能所需要的剂量和吸收速率，影响虾青素的生物利用率，限制了虾青素在功能食品和医药行业中的应用。虾青素双酯比游离虾青素和虾青素单酯有更强的亲脂性，在肠道中更易吸收，生物利用率更高。动物吸收化学合成虾青素的能力比吸收天然虾青素要差，而且化学合成虾青素的着色能力和生物活性也比天然虾青素要低，因此具有优良生理功能和安全性的天然虾青素应获得更广泛的应用。

在开发和研究虾青素产品时要注意提高制剂中虾青素的生物利用率，即虾青素被吸收进入人体循环的速率与程度。生物利用率反映了虾青素进入人体循环的药量比例，通常用血中虾青素的浓度在人体内达峰时间或吸收速率常数来衡量虾青素吸收的快慢，包括虾青素被胃肠道吸收的速率与程度，经过肝脏而到达体循环血液中的虾青素量占口服剂量的百分比。若能使药物颗粒内虾青素迅速溶出并扩散到肠黏膜，则体内虾青素浓度的峰值会早出现，峰值的绝对值亦大。目前虽然对虾青素生理活性的研究已取得很大进展，但虾青素的应用还面临着难溶于水、易氧化分解、生物利用率低等问题，因此运载体系是影响虾青素生物利用率的关键外部因素。在体外加工贮藏和体内消化环境等作用下，运载体系对虾青素的加工贮藏和消化道内吸收前的稳定性、分子构象、释放特性，对虾青素在混合胶束中的溶解性、界面特性、传质过程、胃肠道动力以及跨膜转运等均可能产生影响，进而会对虾青素的吸收代谢产生特定的影响，故运载体系的种类和载体基质构成是影响虾青素生物利用率潜在的关键因素。

虾青素运载体系是近年来重点发展的高新技术之一，选择合适的制剂技术可进一步拓宽虾青素在食品、保健品、化妆品和医药等行业中的应用范围。通过运载体系的包埋作用，不仅可以降低储存期间外界环境对虾青素的不利影响，还可以控制虾青素在生物体内的释放速率及释放部位，从而提高虾青素的生物利用率。为了提高稳定性、改善水溶性、提高生物利用率、掩盖虾腥味等，可将虾青素制备成微胶囊、脂质体、包合物、纳米分散体等剂型。目前，市场上传统的虾青素运载体系仍主要是虾青素油脂和软胶囊产品，但随着虾青素产品应用多元化和药剂学方法的发展，一些新的产品形态，包括固态微、纳米颗粒，水分散体系，超分子水溶液等已逐步出现，并有部分类别的虾青素产品问世，新的虾青素制剂产品已呈逐年增长的趋势。新型制剂技术由于能够使虾青素的稳定性和生物利用率提高、水溶性得以改善，从而使虾青素得到更广泛的应用。新型制剂技术还具有加工温度低、可实现高效负载和缓控释放等优点，相对传统剂型有更好的工业化应用前景。但是有的新剂型还存在溶剂残留风险、对生产设备要求高、初始投资大等缺点，这些都是限制新剂型发展的主要因素。

（一）油运载体系

目前，虾青素作为营养品的基本剂型是油悬浮物和油树脂。油悬浮物是指虾青素在食用油中悬浮，形成悬浮体系。悬浮物中虾青素的含量一般为20%～30%。油树脂指虾青素经溶剂萃取后，蒸发除去溶剂后的萃取物。研究表明，在室温下储存期在4个月以内，虾青素以酯化态形式存在于米糠油、花生油、芝麻油、椰子油以及棕榈油等食用油脂中，质量和颜色均损失较少，具有很好的稳定性。在米糠油、芝麻油以及棕榈油中的虾青素酯在70℃的高温下加热8 h后保留率为84%～90%；在棕榈油中的虾青素酯在90℃的高温下加热8 h后保留率达90%，而且其酯化态形式不改变。但在水中的虾青素酯在同等条件下加热后保留率仅为10%。由此可见，利用食用油等脂溶性溶剂制备成油悬浮物可防止温度对虾青素结构的破坏，提高虾青素的稳定性。制备成油悬浮物和油树脂的虾青素可应用于许多食品载体中，制备成各种制剂，特别是软胶囊。然而，这些方法制备的虾青素制剂仍然存在水溶性差和生物利用率低等问题，使其在食品工业中的应用受到一定的限制。

（二）虾青素β-环糊精包合物

为提高虾青素的水溶性和稳定性，可采用包合物的方法。β-环糊精为白色结晶，是由7个葡萄糖分子以α-1,4糖苷键连接而成的环筒状结构，借助范德华力把一些大小和形状合适的化合物包合于环筒状结构中，形成超微包合物，可提高被包合物的稳定性和溶解度。β-环糊精腔内亲脂，可包合虾青素，腔的两端和外部有一定的亲水性，使 β-环糊精在水中有一定的溶解度。采用共沉淀法构建的虾青素 β-环糊精包合物，其稳定性比未经 β-环糊精包合的虾青素提高了约 20 倍，并实现了液体虾青素向固体粉末的转化。为使 β-环糊精更加溶于水，在 β-环糊精的分子上引入亲水的羟丙基，制备成羟丙基-β-环糊精（HP-β-CD），可打破 β-环糊精的分子内环状氢键，在保持环糊精空腔的同时，克服了 β-环糊精水溶性差的缺点，羟丙基取代度在 4 及 4 以上的羟丙基-β-环糊精可以和水以任意比例混溶。用羟丙基-β-环糊精包合虾青素极大地提高了虾青素的稳定性，包合的虾青素直到 290℃ 左右才开始分解，热分解起始温度比未包合的虾青素至少提高了 40℃，经包合后的虾青素抗光、抗氧、抗热，稳定性提高了 7～9 倍，在 100℃ 高温下仍能保持较好的稳定性。另外，以乙基纤维素等聚合物制备虾青素包合物，包合后的虾青素的热稳定性也得到改善。

（三）微胶囊

微胶囊技术是指利用天然的或者合成的高分子材料将分散的固体、液体或气体物质包埋在一个微小密闭的胶囊之中，包埋的过程称为微胶囊化，形成的微小粒子称为微胶囊。微胶囊运载是将微量固体、液体或气体物质包埋在高分子材料中形成直径为几微米到几毫米容器的过程，被包埋的物质称为芯材，用作容器的物质称为壁材。壁材在芯材的外层形成保护，使芯材与外界隔离，并提高了芯材的稳定性，然后在特定环境下将芯材释放出来，发挥芯材的生物功效。以纯胶为主要壁材，通过喷雾干燥法构建了虾青素微胶囊，提高了虾青素的水溶性和稳定性。利用双乳液法制备了虾青素海藻酸钙微球，被海藻酸钙微球包埋后的虾青素，在光、氧、加热以及酸性条件下的稳定性和水分散性提高，释放速率减慢。为提高从红法夫酵母中提取的虾青素的生物利用率，采用复合壁材微胶囊化制备虾青素微胶囊粉，可为红法夫酵母虾青素的工业化生产和应用奠定基础。微胶囊化粉末颗粒越大，其稳定性越强，但微胶囊化粉末颗粒越小，其颜色越鲜艳。用乳蛋白和可溶性玉米纤维作壁材得到的虾青素微胶囊包封率为95%，能有效降低过氧化值，减少氧气对虾青素氧化的影响。利用葡萄糖和木糖两种还原糖对玉米醇溶蛋白进行糖接枝改性，之后用于虾青素的微胶囊化，在95℃下储藏8 h，虾青素保留率达到75%，而未微胶囊化的虾青素同条件下保留率仅为25%。用腰果胶和明胶在pH为4.0～4.2的条件下复合凝聚包埋虾青素，溶解度为（28.6±4.7）%，储藏36天后保留率为47%，而未微胶囊化的虾青素保留率为9%，这样微胶囊化的虾青素能够很好地分散在酸奶中。

微胶囊化还可以明显提高虾青素的生物功效。微晶纤维素和羧甲基纤维素钠相互作用对虾青素进行包埋后，显著提高了虾青素对DPPH自由基的清除能力。食品级低甲氧基果胶和海藻酸钠包埋的虾青素油在4℃、无光照、有氧条件下存放52周后，总虾青素保留率最高为（94.4±4.1）%，并表现出更强的自由基清除活性。用麦芽糊精和阿拉伯胶为壁材制备的虾青素酯微胶囊具有高溶解度（>92%），比未微胶囊化的虾青素酯在肠胃中更容易被脂肪酶去酯化，生物利用率更高。以β-环糊精和蔗糖脂肪酸酯为壁材制备的虾青素微胶囊，在自由基清除率上显著高于虾青素油剂，且在弱碱环境下（pH为8～10）比虾青素表现出更好的稳定性。用乳清蛋白、阿拉伯胶和虾青素酯制备的微胶囊及虾青素油树脂，给小鼠每天按每千克体重100 mg灌胃，3天后发现，用虾青素微胶囊灌胃的小鼠血浆中虾青素的含量为（0.36±0.08）μg/mL，是用虾青素油树脂灌胃的小鼠的3倍，说明该微胶囊有效提高了虾青素的生物利用率。微胶囊运载体系虽然在改善虾青素稳定性和生物利用率上都取得了显著的效果，但是微胶囊化虾青素也存在着有机物残留、粒径偏大等问题，还需要改进工艺和开发新型壁材。

南极磷虾虾青素微胶囊化后能够明显改善其对光、热和氧的敏感性。南极磷虾虾青素应当在低温、避光、密封条件下保存；有氧状态时，添加α-生育酚会对虾青素微胶囊的稳定性有不利作用。研究发现，在前

25 天南极磷虾虾青素单酯微胶囊化对稳定性的影响发挥了积极作用，但是却没有油溶液中的虾青素双酯稳定性好；然而 25 天后，这种情况发生了逆转，虾青素单酯微胶囊化的稳定性比油溶液中的虾青素双酯更好。为了减缓虾青素的氧化速度，提高虾青素的储藏稳定性，以麦芽糊精、羟丙基 -β- 环糊精为壁材，采用喷雾干燥法对南极磷虾虾青素进行微胶囊化包埋。使用的壁材比例为：麦芽糊精与羟丙基 -β- 环糊精质量比为 1：3、虾青素添加量为 4.76%、聚山梨酯 -80 添加量为 0.87%，当固态物含量为 0.20 g/mL 时，虾青素微胶囊包封率为 98.77%，获得的虾青素微胶囊水分含量为（3.11±0.11）%，溶解度为（94.32±0.08）%。微胶囊化的虾青素高温条件下保留率从 28.72% 提高到 78.32%，自然光条件下保留率从 45.27% 提高到 84.88%，有氧条件下保留率从 20.76% 提高到 74.97%。这表明，微胶囊化能够明显改善南极磷虾虾青素的溶解性和稳定性。

虾青素酯微胶囊制备参考示例：称取一定质量的乳清蛋白和阿拉伯胶，分别用 pH=7.0 磷酸盐缓冲液配制成质量浓度均为 2.0% 的溶液，25℃充分搅拌 4 h 以上，然后 4℃放置过夜，使其充分水化，次日进行过滤，除去水不溶物。再准确称取 3 g 藻源虾青素酯样品，将其分散到 100 mL 质量浓度为 2.0% 的乳清蛋白溶液中，用高速均质器在 40 MPa、5000 r/min 的条件下重复均质 3 次，保证充分均质分散。均质结束后，向体系中加入 50 mL 质量浓度为 2.0% 的阿拉伯胶溶液，并在 800 r/min 下搅拌 30 min。然后将搅拌速度降至 400 r/min，用 0.1 mol/L 盐酸溶液调节体系 pH 至 4.0，继续以 400 r/min 连续搅拌 1 h，然后冻干成粉末，完成虾青素酯微胶囊制备。

（四）纳米包埋

用包合物或者微胶囊技术制备的虾青素制剂普遍存在粒径不可控的问题，许多虾青素微胶囊制剂的粒径在 0.7 ～ 5 μm，导致虾青素的生物利用率仍然偏低。为克服传统技术制备的虾青素制剂存在的问题，可利用虾青素的纳米制剂，包括乳化复合体系、纳米粒以及纳米自乳化载体等。纳米级材料可以更有效地促进胃肠道的吸收，将虾青素颗粒尺寸从微米级缩小到纳米级可提高其生物利用率。与游离虾青素相比，纳米包埋后的虾青素能够长期维持虾青素的抗氧化性，不容易异构和降解。如采用卵磷脂、壳聚糖作为壁材包埋虾青素，制得虾青素纳米乳，稳定性、缓释效果、总还原能力和抗氧化性均得到提高。在采用纳米技术包埋虾青素时，要注意控制纳米乳的粒径，若虾青素纳米乳的粒径变大，形态呈球形并且分布均匀，则预示包封率降低。以牛奶蛋白和可溶性玉米纤维为壁材，通过喷雾干燥法可以制备虾青素纳米乳的粉末制剂；以脱氧核糖核酸和壳聚糖为膜材包埋虾青素制得的纳米颗粒，虾青素的细胞摄取率和抗氧化性都得到提高，以壳聚糖为壁材对虾青素进行包埋制得的纳米颗粒，还可显著提高虾青素的稳定性；以玉米加工的副产物玉米醇溶蛋白为载体包埋虾青素，可显著提高虾青素的热稳定性并有效控制虾青素的释放速率，起到保护虾青素和缓控释放的效果。

（五）纳米乳液运载体系

乳液是将生物活性物质溶于油相或水相后，通过外力作用（均质、超声波等）将其分散在不相容的水相或油相中形成的稳定分散体系。油水界面由于不混溶而具有高界面张力，会导致乳液的热不稳定性问题。因此，在乳液制备过程中加入乳化剂，使其吸附在油相和水相之间，降低界面张力，从而提高乳液的热稳定性。纳米乳液由于粒径较小（5～100 nm）并具有高光学透明度，相比传统乳液可以更好地提高生物活性物质的稳定性和生物利用率。纳米乳液也称微乳液，为透明分散体系，通常为由油、水、表面活性剂、助表面活性剂和电解质等组成的透明或半透明的液状稳定体系。分散相的质点小于 100 nm，甚至小到数十埃，质点大小均匀，呈半透明至透明，热力学稳定，显微镜下也不可见。体系透明说明流动性良好，用离心机离心加速度达到 100 g，离心 5 min 也不分层。

　　制备纳米乳液要使用纳米乳剂，纳米乳剂由两种不相溶液体混合而成，作为水包油分散体，液滴尺寸范围为 10 ～ 600 nm。纳米乳剂有特定的性质，如透明或不透明、无毒的流体、极易脆弱的系统以及长的保质期。以人参皂苷为乳化剂制备虾青素纳米乳液时，随着乳化剂浓度的增加，界面张力从 21.0 mN/m 降低至 8.7 mN/m，且温度为 90℃，时间为 30 min 时，稳定性显著提高。纳米乳液有良好的热力学稳定性，液滴尺寸小，并且可诱导活性氧的产生并破坏线粒体膜电位，通过细胞核内的细胞凋亡信号通路诱导细胞凋亡。采用自发乳化和超声波分析可以制备虾青素、α- 生育酚与酪蛋白酸钠的纳米乳液。

　　纳米乳液有效降低了虾青素的降解速率，提高了其稳定性。以大豆卵磷脂为乳化剂得到负载率为 90.41% 的虾青素纳米乳液，4℃避光保存一周后，虾青素保留率为 85.34%，明显高于棕榈油负载的虾青素保留率（54.92%）。以抗性淀粉和大豆分离蛋白结合物为乳化剂制备的虾青素纳米乳液，在 6℃、20℃和 37℃储存条件下，能够显著提高虾青素的稳定性，在体外消化实验中显著降低虾青素酯中的游离脂肪酸的释放，从而抑制了虾青素的氧化。以绞股蓝皂苷为乳化剂得到的纳米乳液在 pH 为 6 ～ 8、温度为 60 ～ 120℃的条件下，显示出较高的稳定性，若在 5℃和 25℃下储存 30 天均可有效地抑制虾青素降解。另外，比较改性卵磷脂、酪蛋白酸钠分别和虾青素制备的纳米乳液发现，酪蛋白酸钠虾青素纳米乳液稳定性高于卵磷脂虾青素纳米乳液，但卵磷脂虾青素纳米乳液的生物利用率却更高。虽然纳米乳液已被逐渐应用于食品、医药行业，但在纳米乳液制备时采用的高压均质、超声等操作存在着易使体系中敏感化合物结构发生变化、生物活性降低等问题。

　　虾青素酯纳米乳液制备参考示例：称取一定量的雨生红球藻来源虾青素酯，用乙酸乙酯配制成虾青素酯的质量浓度为 3% 的溶液，在避光、充氮环境下充分振荡至虾青素酯完全溶解。取 10 mL 质量浓度为 3% 的虾青素酯 - 乙酸乙酯溶液与 90 mL 水相［10 mmol/L 磷酸盐缓冲液，pH 为 7.0，15% 吐温 -80，7% 乙醇，（体积分数）］在室温下初步混合，再在 6000 r/min 的条件下高速均质 5 min，然后于 6.2×10^7 Pa 压力条件下均质三次，均质结束后将体系于 25℃条件下减压旋蒸，除去有机溶剂，至无液体流出，得到虾青素酯纳米乳液。

（六）脂质体运载体系

上述制备的包合物、微胶囊、纳米乳液等虾青素制剂，有时还会因结构不稳定、水溶性差及生物利用率低等特点而影响其应用，为此又研究出虾青素脂质体运载体系。将虾青素包埋于脂质体内，在稳定性、溶解度和生物利用率方面都会有改善。脂质体是由磷脂分子分散在水相中，自发聚集而形成的具有双分子层膜结构的囊泡，结构类似于细胞膜。形成脂质体的磷脂分子头基亲水、尾部亲脂，在水中时亲水头基插入水中，疏水尾部伸向空气，在超声或搅拌下可自动形成双层脂分子的球形脂质体，直径在 25 ～ 1000 nm 不等。将虾青素包埋于脂质双分子层内而形成微型泡囊状脂质体，虾青素与外界氧、光隔离，可增加其稳定性。脂质体的粒径较小，特别是粒径小于 100 nm 的纳米脂质体，易分散在水中，可起到增溶效果。脂质体包埋虾青素后可改善虾青素的水分散性和水溶性，提高生物利用率。虾青素分子长多烯链部分嵌入脂质体，与脂质体磷脂的疏水长碳氢链形成疏水核心区域，虾青素分子含有羟基的末端环嵌入磷脂的亲水极性头部，这种结构有利于提高虾青素的水溶性和生物利用率。脂质体的制备方法比较成熟，主要有乙醇注入法、反向蒸发法、薄膜分散法、超声分散法、冷冻干燥法、超临界二氧化碳法、微乳法、薄膜挤压 - 硫酸铵梯度法及薄膜分散 - 机械振荡法等，其中乙醇注入法操作简便，不使用毒性较大的有机试剂，可用于工业化生产。使用乳化蒸发 - 低温固化法制备的虾青素脂质体现已用于皮肤伤口愈合的治疗，但制备方法还难以产业化。

用磷脂和虾青素采用乙醇注入法制成脂质体，其平均粒径为 143.2 nm，虽大于 100 nm，但在水中也是易均匀分散的，制成脂质体后在 50℃水浴加热 3 h，虾青素降解率只有 3.36%，比游离虾青素在同样条件下的降解率 33.82% 提高近 10 倍。以大豆磷脂酰胆碱为膜材构建了虾青素纳米脂质体，显著提高了虾青素的水分散性、储藏稳定性及抗氧化性，并且起到缓控释放的作用。用大豆磷脂酰胆碱和虾青素制备的脂质体在 4℃ 条件下保存 15 天，保留率为 82.29%，显著降低了虾青素的降解速率，并有效提高了虾青素对 DPPH 自由基的清除能力。用蛋黄卵磷脂、胆固醇和虾青素制备的脂质体能显著提高虾青素进入细胞的速率，更有效地激活抗氧化酶，从而提高虾青素的生物利用率。以大豆磷脂和胆固醇为膜材制备了虾青素脂质体，包埋后也可提高虾青素的生物利用率。连续 7 天口服 10 mg/kg 虾青素脂质体能够更有效地提高肝内细胞抗氧化酶、超氧化物歧化酶和谷胱甘肽过氧化物酶的活性，降低炎症因子 IL-6 和 TNF-α 的含量，从而提高虾青素的生物利用率。暴露在紫外线下的小鼠皮肤，通过涂抹虾青素脂质体（4 mL，0.2%）更好地改善了光损伤引起的病理变化并减轻了胶原蛋白损伤。另外，将加入胶化二氧化硅后的硅化虾青素脂质体作用于皮肤，初始 24 h 虾青素释放速率为 10.7 μmol/（mg•h），随着虾青素逐渐释放，其自由基清除活性逐渐增加，硅化虾青素脂质体能够控制释放，并显示出其在化妆品行业的应用潜力。虾青素脂质体能有效预防紫外线造成的皮肤损伤、胶原蛋白的降解以及黑色素的生成。体外模拟胃肠液释放实验说明，固体脂质纳米粒包埋后使得虾青素的释放速率降低，提高了虾青素的生物利用率。将虾青素脂质体制成冻干制剂，可解决液态脂质体易发生聚集、融合、磷脂氧化，以及包裹的虾青素泄露和稳定性差的问题。为进一步增加虾青素脂质体的稳定性，应改进超声制备，以制备粒径更小、包封率更大的虾青素脂质体，从而推动虾青素市场应用的扩大。

　　虾青素酯脂质体制备参考示例：准确称取 1 g 虾青素酯样品、0.15 g 大豆磷脂、0.7 g 单硬脂酸甘油酯溶于 10 mL 无水乙醇中，在冰浴条件下超声 10 min，超声输出功率 100 W。然后将上述体系缓慢注入 50 mL 事先预热至 60℃ 的生理盐水中，再次超声 10 min，减压浓缩去除乙醇，然后将其迅速放入冰水中，在 1000 r/min 条件下搅拌 30 min，得到虾青素酯脂质体。

脂质体具有较高生物相容性和安全性优势，并且具有靶向性和缓释性，可以应用于食品工业和药物系统。但脂质体也存在一些问题，如粒径分布范围广，需要对其制备方法进行改良；稳定性差，随着储存时间的增加，脂质体存在易凝集和脂质层中不饱和脂肪酸易氧化的问题。

（七）固体脂质纳米颗粒运载体系

固体脂质纳米颗粒运载体系是以高熔点脂质材料为载体的固体胶粒运载体系。固体脂质纳米颗粒将虾青素包埋在脂质晶格内，可以提高虾青素的稳定性和生物利用率。经研究发现，以甘油单硬脂酸酯、甘油二硬脂酸酯和硬脂酸为载体的虾青素固体脂质纳米颗粒在光照 15 天后，硬脂酸虾青素固体脂质纳米颗粒具有的最佳保留率为 96%，显著高于游离虾青素的 68.3%；硬脂酸虾青素固体脂质纳米颗粒的抗氧化性被显著提高，在 H_2O_2 溶液中 2 h，虾青素的保留率为（85.6±1.2）%。以硬脂酸和豆油为包埋虾青素的固体脂质体，可提高虾青素对光、热及酸的稳定性。另外，用硬脂酸虾青素固体脂质纳米颗粒（10 μL，4 mg/kg）处理大鼠肾上腺嗜铬细胞瘤细胞（PC-12），发现其对 H_2O_2 诱导的氧化应激具有良好的抗氧化潜力，并且能够通过鼻腔给药对大鼠大脑进行靶向释放。又有研究人员将固体脂质和液体脂质在一定温度下混合制备成改良的固体脂质纳米颗粒运载体系。纳米结构脂质载体具有无定形固体结构或缺陷型晶体结构，将虾青素溶解在液体脂质中后，共同包埋在固体脂质中能够提高其生物活性成分的负载率和缓释能力。以油酸（液体脂质）和甘油山嵛酸酯（固体脂质）作为合适的脂质混合物（比率为0.765）负载虾青素制备成改良固体脂质纳米颗粒运载体系，pH 和温度对其无显著影响，具有较高的稳定性。固体脂质纳米颗粒运载体系作为亲脂性营养保健品的递送系统，可以提高虾青素的稳定性、生物利用率和在水性介质（如饮料）中的溶解度，在药品和食品工业中都是有前景的纳米载体。

总之，根据不同用途，选择合适的运载体系，能够改善虾青素的稳定性和生物利用率，并且能够实现更好地释放和转运。目前这些运载体系需要解决的问题，首先是这些虾青素运载体系还不能很好地实现虾青素在体内的靶向释放和转运，使得虾青素不能在特定的位点进行释放和靶向吸收，导致其在体内的生物利用率还处在较低的水平。其次，由于运载体系所需的安全高效的乳化剂和壁材的选择范围较窄，要将虾青素应用于功能食品和药品还存在一定困难。为此，今后的研究应侧重于将不同的运载体系进行结合，从而更有效地提高虾青素的稳定性和生物利用率；采用特定功能的壳材料和乳化剂（如蛋白质或多糖）制备虾青素的运载体系，从而有效地实现虾青素在消化道内的靶向释放及体内靶向组织的定点释放。

（八）虾青素的摄取、吸收和在体内的分布

人体从膳食中获取虾青素时，虾青素的吸收取决于与其一起摄入的食物中脂质的含量和种类。虾青素分子具有亲脂性，当与脂质一起食用便能促进其吸收，高脂饮食可以增加虾青素的吸收，低脂饮食则减少其吸收。食物中的虾青素有三种结构：与蛋白结合的虾青素、虾青素酯和游离态虾青素，食用油中的脂肪酸、胆固醇可以与游离态虾青素结合形成酯化物，有利于虾青素的吸收利用。而虾青素在体内有效的吸收形式为游离态虾青素，故与蛋白结合的虾青素和虾青素酯在体内均要先转化成游离态虾青素。与蛋白结合的虾青素会在动物胃肠道消化酶的作用下分离出来，虾青素酯可以在小肠中水解成游离态虾青素。从食物中释放出的这些游离态虾青素与胆汁酸、磷脂或脂肪酶结合，在小肠内形成胶束。由于虾青素具有疏水性，其肠道吸收机制与膳食脂质相似，即在十二指肠中与其他脂类物质一起经胆汁乳化后形成乳糜颗粒。被结合到乳糜微粒中的虾青素，由肠黏膜细胞吸收，扩散到肠壁表面进入血液。血液中含有虾青素的乳糜微粒，在全身循环中可释放虾青素进入淋巴，因此虾青素不仅存在于血液系统中，还存在于淋巴系统中。含有虾青素

的乳糜微粒与低密度脂蛋白、高密度脂蛋白结合，转运到肝脏后会被肝脏中的脂蛋白脂肪酶消化，乳糜残余物被肝脏和其他组织迅速清除，虾青素被脂蛋白运输到相应的靶器官或组织中去发挥作用。游离态虾青素先聚集在肝上，然后进入皮肤、大脑及眼睛，且能以剂量依赖性方式分布。对摄取虾青素后的血浆进行研究发现，摄取的虾青素在7天内达到最大浓度并处于稳态水平。

虾青素的吸收受其化学性质、饮食和非饮食相关参数的影响，其中虾青素以何种形式存在并且是否与其他化合物结合（如蛋白质、脂肪）是影响虾青素吸收程度的直接因素。任何有关消化道脂肪异常吸收的疾病都会显著影响虾青素的吸收。虾青素进入人体后能否发挥生物活性的关键是其吸收利用或储存在人体中的比例，其利用率主要受分子结构、在食物中的物理结合方式、膳食中脂肪含量以及胃肠道中胰蛋白酶和胆盐含量等因素影响。虾青素经肠吸收后，在机体血浆中会表现出不同的存在状态。影响虾青素吸收的因素很多，包括虾青素化学结构、饮食中脂肪含量、虾青素脂肪类型（单酯、二酯）、酯化水平、几何异构体（全反式、顺式）、立体异构体，虾青素的吸收还与年龄、性别、处理方法、营养状况、摄食时间、感染状况等有关。人体在摄入虾青素后，血液中顺式虾青素含量明显高于全反式虾青素。人体血浆中存在的虾青素顺式异构体主要是13-顺式异构体和9-顺式异构体，其在人体血浆中水平较高是因为人体摄入全反式虾青素为主的食物后，在体内消化吸收的过程中，全反式虾青素因各种因素发生异构化生成顺式虾青素。顺式虾青素具有高生物利用率及较高的细胞分泌率，有利于虾青素在人体内的吸收。

（九）虾青素在不同运载体系中的生物利用率

通过动物实验，研究不同运载体系的虾青素酯在动物体内的消化速率和生物利用率。实验比较了虾青素酯组、微乳液组、微胶囊组和脂质体组运载体系。将这些虾青素酯运载体系分散于适量的玉米油中，制成浓度相

同的虾青素酯 - 玉米油溶液。在冰浴和氮气保护下超声波振荡 5 min，使其充分分散均匀，按照小鼠灌胃剂量配制成相应物质的量浓度的虾青素灌胃液。分别于灌胃后每间隔 2 h 测定一次，直到 24 h，收集小鼠粪便，真空冷冻干燥，称量，研磨，-80℃冰箱保存。利用高效液相色谱分析其中虾青素类化合物的存在形态及含量，进行粪便中虾青素排泄情况的测定，灌胃剂量对小鼠排便量和生物利用率影响的测定，不同肠段、血清和肝脏中虾青素代谢时间曲线的测定，以及消化道内容物和血清中虾青素组成分析，发现其中以脂质体运载体系影响效果最为显著。

（十）虾青素的服用和制剂

天然虾青素已被毒理学实验证实是安全且可生物利用的化合物，虾青素产品可以广泛用作膳食补充剂发挥健康功效。美国食品药品监督管理局提出每天 4 ～ 6 mg 虾青素膳食补充剂为最佳摄入量，一般不要超过 12 mg。天然虾青素对人身体健康有多种益处，在某种程度上与它的高抗氧化能力有关，在制备过程中必须要非常小心地确保虾青素在加工、处理、封装或压片，以及最终包装和储存的过程中不会被氧化。要保证虾青素有最佳预防、治疗剂量，就要确保虾青素在药片中的含量完全符合标签上的说明。要使虾青素成功预防、治疗各种急性和慢性疾病，更应注意虾青素是以何种状态产生的实验数据，包括虾青素的顺反异构体以及虾青素的降解或氧化产物。虾青素是一种很强的抗氧化剂，易于与空气中的氧分子结合被氧化，一旦被氧化就会分解成一种对人和动物都没有好处的降解产物。

服用的虾青素以何种状态（固体、半固体、液体）进入体内对于其发挥生理作用尤为重要，只有选择合适的制剂技术才能拓宽虾青素的应用范围。雨生红球藻粉的保质期短，只有 3 个月，制备成虾青素制剂保质期可达 3 年。虾青素的药物封装系统可分为三类，聚合物系统、脂质体载体系统和环糊精包合物系统。目前，虾青素制剂主要有微胶囊、纳米制剂、包合物、脂质体、软胶囊等，这些制剂在一定程度上弥补了虾青素的不足，但是部分剂型由于工艺复杂，实验条件苛刻，不适合大规模批量生产。开发价格合理、工艺简单、适合工业化生产的虾青素制剂仍有很大的市场潜力与价值。

1. 喷雾干燥法

目前虾青素颗粒生产中最常用的方法是喷雾干燥法。其过程是先将虾青素油与囊材溶液通过均质形成稳定的水包油（O/W）型乳化液，再将乳化液喷入惰性热气流中，使液滴收缩成球形，水分蒸发，进而干燥固化。喷雾干燥法使用的囊材有酪蛋白、乳糖和葡萄糖美拉德反应产物、辛烯基琥珀酸淀粉酯和羟丙基 -β- 环糊精等。通过优化虾青素与囊材比例、均质压力、喷雾干燥的进出风口温度等工艺参数，能够实现90%以上的虾青素包封率。如在辛烯基琥珀酸淀粉酯与麦芽糊精比例为 1：1、均质压力为 50 MPa、进风口温度为 190℃、出风口温度为 90℃ 的条件下，虾青素包封率可达到 98.3%。通过喷雾干燥法制备的虾青素微胶囊，能够明显减少虾青素的氧化降解，提高虾青素稳定性近 8 倍。喷雾干燥微胶囊化技术由于干燥时间短、单元操作简便、处理量大、连续生产等优点而被广泛用于活性物质的包埋，但是喷雾干燥法一般只能制备微米级颗粒。需要注意的是，虾青素是热敏性物质，在喷雾干燥过程一定要严格控制温度，否则虾青素的活性会损失较大。

2. 采用喷雾干燥法将虾青素油剂制备成干乳剂

干乳剂作为一种性质稳定、存储方便的固体制剂，其制备工艺比较完善，适于大规模工业化生产，可用于虾青素油剂的开发。干乳剂中药物包裹于壁材中，隔绝光照、空气，药物不易变质，可提高药物稳定性；干乳剂含水量低，不容易滋生细菌；与乳剂相比，干乳剂不会出现油相水相的分层、乳滴的破裂合并、乳剂类型的反转等问题，比液体制剂更加稳定。此外，干乳剂的优点包括：干乳剂可以改善药物在水中的溶解能力，促进药物吸收；制备干乳剂时只需加入少量乳化性能较弱的乳化剂，乳剂稳定的情况下可不加乳化剂，这样就避免了加入乳化剂引起的毒性问题，因此干乳剂有更高的安全性。采用喷雾干燥法将虾青素油剂制备成干乳剂的制备程序如下：分别以麦芽糊精、羟丙基甲基纤维素和壳聚糖等做水相，将虾青素溶解于油相中，稀释 50 倍或 100 倍制备成乳剂（稀释 25 倍不能得到稳定的乳剂），高压均质 4 次的乳剂，平均粒径为 28.31 nm，粒径测定仅有一个峰的效果最好。乳化剂可采用适量的吐温 -80。通过喷雾干燥，在最佳喷雾干燥参数下将乳剂制备成固体粉末，产品要求加水溶解后能迅速重新分散为乳剂。

　　将虾青素油剂制备成干乳剂，壁材的组成对微胶囊的效率、产率、质量等至关重要。在选择壁材时，首先要保证虾青素与壁材不发生化学反应，其次要尽量提高干乳剂的产率、载药量、包封率，壁材的价格与产能也应考虑在内。羟丙基甲基纤维素、麦芽糊精可用做干乳剂的壁材，羟丙基 -β- 环糊精、麦芽糊精不适用于做虾青素干乳剂的壁材。干乳剂的品质受到很多因素的影响，可从壁材、虾青素油剂稀释倍数、乳化剂、均质次数等方面提高载药量与包封率。干乳剂可以进一步加工制成其他固体制剂，更适合口服给药，服用方便。与液体制剂相比，固体制剂更加稳定，且体积小、携带方便、顺应性好。

　　虾青素油剂的添加量也会影响到干乳剂的质量。虾青素油剂添加越多，喷雾干燥的能耗越低，干乳剂的含水量越低，质量也更稳定。但是固形物含量太高时，乳化液黏度增加，喷雾干燥时雾滴容易发生粘连，微胶囊的效率降低。在将芯材、壁材乳化过程中，需要添加合适的乳化剂，才能得到性质稳定、分散性好的乳化液，微胶囊的质量才能有所保障。在虾青素微胶囊制备中，不同类型乳化剂复配对水包油体系稳定性的影响不同。如果乳化液不够稳定，在喷雾干燥过程中，壁材就不能完全包埋芯材。微胶囊产品的质量与喷雾干燥的工艺条件关系密切。微胶囊的干燥速率、成品的含水量主要受喷雾干燥的进风口温度影响，进风口温度还会影响到微胶囊的形态、粒径以及芯材的稳定性。微胶囊表面的微观结构以及产品的流动性与喷雾干燥的出风口温度有关。

　　3. 虾青素微、纳米颗粒（固体分散型）

　　微、纳米颗粒是由高分子材料包裹有效成分（囊心物）形成的微小贮库型结构，直径在微米范围内的称微胶囊或微球，直径在纳米范围内的则称为纳米囊或纳米球。微、纳米颗粒制品属于固体分散型制剂，具有水分散性能良好、物理化学性质稳定的特点，便于后期储存及使用，还可以通过调节囊材实现缓释功能。纳米载体形成包合物或者微胶囊化方法制备的制品，可有效改善虾青素的水溶性、稳定性、生物利用率、靶向性以及缓释效果。目前，市场上已有虾青素微、纳米颗粒制品。用于虾青素微、纳米颗粒的囊材或骨架包括多种天然聚合物，如海藻酸钠、酪蛋白、乳糖和葡萄糖美拉德反应产物、榭如树胶和明胶复合凝聚物；也还有化学合成聚合物，如辛烯基琥珀酸淀粉酯、羟丙基 -β- 环糊精、聚（环氧乙烷）-4- 甲氧基肉桂酰基邻苯二甲酰基壳聚糖、聚（羟基丁酸酯 - 羟基戊酸酯）共聚物等。

4. 虾青素微胶囊化

通过调整条件使虾青素与囊材在液相中形成新相析出，从而实现虾青素微胶囊化，为相分离法实现虾青素微胶囊化，是一种新的微胶囊化方法。凝聚法是其中应用最早且最广泛的方法，包括水相凝聚法（单凝聚法、复凝聚法）和有机相凝聚法。水相凝聚法所得的虾青素微胶囊粒径一般在微米级，而通过有机相凝聚法可得到粒径 300 nm 的纳米颗粒。水相单凝聚法是用一种高分子材料加入凝聚剂使之凝聚成囊，固化定型。如用虾青素油和海藻酸钠，与吐温 -80 形成水包油型乳化体系，喷射进入氯化钙溶液中，固化形成微胶囊。水相复凝聚法是利用两种带有相反电荷的高分子材料以离子间的作用相互交联，从而形成复合型囊材的微胶囊。在水相凝聚法中通过调整 pH、离子强度和温度等工艺参数，可以控制颗粒粒径，从而改善虾青素包封率。水相凝聚法所得微胶囊的虾青素包封率较低，如在 pH 为 4 ~ 4.5 时，以榭如树胶和明胶为囊材形成的复凝聚微胶囊对虾青素的包封率为 59.9%。随着微胶囊粒径的增大，虾青素包封率明显提高。当平均粒径为 210 μm 时，海藻酸钠形成的单凝聚微胶囊对虾青素的包封率达到 75.7%。有机相凝聚法制备虾青素微、纳米颗粒的过程是将虾青素和聚（环氧乙烷）-4- 甲氧基肉桂酰基邻苯二甲酰基壳聚糖或者乙烯醇 - 乙烯基 -4- 甲氧基肉桂酸酯共聚物溶解于二甲基甲酰胺中，再将有机相溶液通过水透析，随着二甲基甲酰胺与水互换，虾青素 - 聚合物纳米囊逐渐发生自乳化，并沉淀析出，最终形成聚合物纳米颗粒。有机相凝聚法所得微胶囊的包封率高达 98%。

　　通过相分离法制备微胶囊可有效地减缓虾青素降解，提高虾青素的稳定性，大大改善了虾青素的水分散性能，如虾青素微胶囊可很好地溶解于原味酸奶中，并且在 36℃下储藏 43 天未发现脂肪氧化产物。此外，虾青素纳米颗粒还表现出良好的缓释性能，如聚（环氧乙烷）-4- 甲氧基肉桂酰基邻苯二甲酰基壳聚糖纳米粒的冻干粉在丙酮中实现稳定的虾青素释放，60 min 最高释放率达 85%。相分离技术包埋过程不需要热处理且不需要特定设备，特别适用于包埋热敏性物质制备微米粒或纳米粒，可实现高效负载和缓控释放，但是凝聚过程中还涉及有毒有机溶剂的使用，存在溶剂残留的安全风险，而且依赖于冷冻干燥等技术。

　　为提高虾青素的生物利用率，还可采用复合壁材微胶囊化技术制备虾青素微胶囊粉，这项技术可用于红法夫酵母虾青素的工业化生产。使用多孔淀粉和明胶进行红法夫酵母抽提液中虾青素的包埋，参考示例如下：当使用的酵母抽提液（V，mL）、多孔淀粉（m，g）、明胶（m，g）比例为 400：15：6 时，得到的虾青素微胶囊化粉末的包封率、载药量和溶解度分别为（88.5±0.01）%、1.55 mg/g 和（81.3±0.7）%。若进一步提高破壁强度，提升了虾青素在水中的浓度，包封率和载药量分别为75.62% 和 10.42 mg/g。稳定性研究表明，微胶囊化粉末颗粒越大其稳定性越强，微胶囊化粉末颗粒越小其颜色越鲜艳。

　　5. 超临界流体快速膨胀技术和抗溶剂技术

　　超临界流体快速膨胀技术是一种超临界流体技术，是将溶质高浓度溶解于超临界流体中，之后通过快速减压膨胀，使溶质在瞬间达到高度过饱和，并形成大量晶核，从而生成大量微小的、粒度分布均匀的超微颗粒。用超临界 CO_2 流体萃取技术提取虾青素，夹带剂为 1 倍量 95% 乙醇，萃取时间为 3 h，提取效率达 89.4%；用 30% 乙酸浸泡后制粒萃取，利用超临界流体快速膨胀技术可制备平均粒径为 500 nm 的虾青素纳米颗粒，其粒径是自然条件下形成的虾青素晶体（约 5 μm）的 1/10。这一方法制备的纳米颗粒可以通过超声形成水分散体系。

超临界流体抗溶剂技术也是一种超临界流体技术。超临界抗溶剂沉析技术是以超临界流体作为反萃取剂。需要萃取的固体物质与溶剂互溶，而在超临界流体中的溶解度很小，当超临界流体溶解到溶液中时，使溶液稀释膨胀降低原溶剂对溶质的溶解能力，在短时间内形成较大的过饱和度而使溶质结晶析出，形成纯度高、粒径分布均匀的微细颗粒。若要将此过程用于溶质的结晶，一是要求溶质不溶或微溶于抗溶剂流体中；二是要求抗溶剂流体在液相中的溶解度要相当大。利用超临界 CO_2 作为抗溶剂，制备虾青素和聚（羟基丁酸酯 - 羟基戊酸酯）共聚物的共沉淀纳米颗粒时，可使用二氯甲烷作为共溶剂，虾青素最高包封率达到 51.20%，在压力为 100 MPa 时所得粒径为 128 nm。但是，超临界流体技术必须使用高压容器，对生产设备要求高，存在初始投资大、生产成本高等缺点。

6. 虾青素水分散体系（乳剂型）

虾青素乳剂可与水以任意比例互溶，易在食品、化妆品等含水量大的体系中得到应用。虾青素乳剂的制备方法是将虾青素与乳化剂、助乳化剂和水等按一定比例溶解调制成均相的液体制剂，要求乳化剂和助乳化剂具有稳定性。制备虾青素乳剂常用的乳化剂有酪蛋白酸钠、吐温、卵磷脂、壳聚糖、聚山梨醇酯 20 和阿拉伯胶。通过调整乳化体系的 pH、虾青素和乳化剂的剂量比、助乳化剂剂量等，采用高速均质、高压微射流、超声等均质方法，虾青素可以形成粒径几十到几百纳米的稳定乳化体系。温度、pH 和离子强度均对虾青素乳剂的物理稳定性有影响。将虾青素的乙酸丁酯溶液加入吐温和乙醇水溶液中，再依次经高速均质、高压微射流乳化后，形成的乳化体系在 20 天内不发生变化。以吐温 -80 作为乳化剂，经过搅拌和超声乳化后形成的虾青素乳化体系在 15 天内不发生明显聚集。在稳定的乳化体系中，虾青素降解速率和损失率显著降低。以聚山梨醇酯 20、酪蛋白酸钠和阿拉伯胶混合乳化剂制备了虾青素纳米分散体系，8 周后虾青素损失率仅为 5%；将虾青素纳米乳化液添加至橘子汁和牛奶中时，虾青素的生物可利用率也明显提高。

7. 用主客体包结络合制备虾青素包合物

利用主客体包结络合技术，将虾青素分子通过分子间弱相互作用，包结于亲水大分子的疏水空腔内，形成超分子结构的包合物。这种主客体包结络合技术是利用分子间弱相互作用（如氢键、范德华力、疏水相互作用等）将客体分子包结于主体分子的疏水空腔内形成包合物。最常用的是利用 β- 环糊精作为外部骨架包结虾青素，形成虾青素 -β- 环糊精包合物。利用主客体包结络合制备虾青素包合物是一种分子包埋技术，不仅可改善虾青素的水溶性，使其溶解度提高至接近 0.5 mg/mL，也可保护虾青素免受环境影响而降解失活。进一步利用水溶性更高的羟丙基 -β- 环糊精作为主体分子，在虾青素和羟丙基 -β- 环糊精分子比为 2：1 时进行包结络合，实现了虾青素的缓控释放和热稳定，形成虾青素包合物的溶解度可达 1 mg/mL。但是，目前主客体包结络合技术对虾青素的包合效率和形成包合物的溶解度还较低，而且羟丙基 -β- 环糊精作为主体分子的成本也较高。

（十一）虾青素制剂包装技术对虾青素稳定性的影响

虾青素经过加工制备成油脂、固体粉末、乳剂或水溶液后，还需要经过适当的材料或容器进行分装、封装等操作以进一步保护其在储存期间的质量和应用中的功能。虾青素的稳定性会受到光照、温度、氧浓度等环境因素的影响，虾青素的降解符合一级反应动力学模型。光照会导致虾青素氧化降解，在短波紫外线和日光灯下的降解速率分别是黑暗条件下的 13 倍和 7.9 倍。连续日光照射 24 h，虾青素即被完全破坏。在室内自然光下，24 h 后虾青素含量为 70%，避光保存时，虾青素基本不会遭到破坏。低温有利于维持虾青素的稳定性，储藏温度高于 70℃时，虾青素发生明显的降解。南极磷虾虾青素的贮藏条件要求为在 -20 ～ 4℃ 避光保存，避免接触金属介质或中性金属盐溶液。在相同的贮藏条件下，磷脂型虾油中虾青素的降解速率最快；贮藏温度越高，虾青素的降解速率越快；在氧气贮藏条件下虾青素的降解速率快于氮气贮藏，通过降低包装中的氧浓度可以延长虾青素稳定时间。总之，通过包装技术为虾青素制剂创造合适的微环境，以避免与不利的环境因素接触，将有利于虾青素的长期储存。如选择遮光性好、透氧度小的包装材料，并结合脱氧剂制造避光、无氧环境，并在低温下保存，可以大大延长虾青素稳定时间，也可以向包装瓶中通入氮气来保护虾青素，真空环境较充氮环境更为有利。

第九章

虾青素的作用机制

　　虾青素不仅比一些其他类胡萝卜素有更长的共轭双键，而且在共轭双键链的末端环上，还有不饱和酮基和羟基构成 α- 羟基酮。长共轭双键和 α- 羟基酮结合在一起就具有很活泼的电子效应，极易与自由基发生反应，使虾青素能够清除自由基。此外，虾青素还具有提高免疫力、抗炎、保护神经系统、保护血管、抗肿瘤、降低胆固醇、护肤、保护视力、预防老年痴呆、缓解肌肉损伤、增强代谢能力、缓解关节疼痛等多方面的作用和功能。但要详细了解和开拓虾青素的健康功效还必须对虾青素的作用机制进行研究。

（一）虾青素的抗氧化损伤作用机制

虾青素可以通过多种机制起到防御氧化损伤的作用，包括淬灭单线态氧、清除自由基、抑制脂质过氧化以及调节氧化应激相关基因的表达等。虾青素可提高细胞内抗氧化酶和蛋白质的活性，如使动物细胞内过氧化氢酶和超氧化物歧化酶等抗氧化酶的表达显著增加，生物学活性明显提高。在细胞培养的过程中，分别添加不同浓度的虾青素来抑制过氧化氢诱导的氧化应激，结果表明虾青素可通过激活细胞内抗氧化系统，来保护细胞免受氧化损伤。当用不同剂量的虾青素饲喂 D- 半乳糖诱导的衰老大鼠，分别测定其脏器中膜脂过氧化最重要的产物丙二醛的含量，测定超氧化物歧化酶、谷胱甘肽过氧化物酶的活性，并与模型对照组比较，发现连虾青素摄入最低剂量组都可显著降低机体各脏器组织中丙二醛的产生，动物细胞内的超氧化物歧化酶、谷胱甘肽过氧化物酶和过氧化氢酶的表达及酶的活性均有提高。

超氧化物歧化酶是生物体内清除自由基的首要物质，它可催化过氧阴离子发生歧化反应。硫氧还蛋白还原酶能维持内源性底物硫氧还蛋白处于还原状态，参与抗氧化防御、蛋白质修复和转录调节的各种基于氧化还原的信号转导途径，可以保护低密度脂蛋白不被氧化。谷胱甘肽过氧化物酶是重要的过氧化物分解酶，能使有毒的过氧化物还原成无毒的羟基化合物，保护细胞膜的结构与功能不受过氧化物的干扰及损害。对氧磷酶是结合在高密度脂蛋白上的一种有机磷三酯化合物水解酶，可以保护高密度脂蛋白不被氧化。谷胱甘肽 S- 转移酶是催化具有亲电取代基的外源性化合物与内源的还原谷胱甘肽反应的酶。当用家兔做实验时，在其饲料中按 10 mg/kg 剂量添加虾青素，测定血清中上述各种抗氧化酶的活性，结果显示抗氧化酶中的超氧化物歧化酶、硫氧还蛋白还原酶、谷胱甘肽过氧化物酶和对氧磷酶的活性都有增加，并改善了氧化应激反应产生的损伤。虾青素还能上调这些酶的 mRNA 转录表达，产生更多的酶来对抗活性氧引起的氧化损伤。

核因子 -E2 相关因子 2 是机体抗氧化防御系统中的主要调节因子，能够增强细胞对氧化应激的抵抗。受核因子 -E2 相关因子 2 调控的还原型烟酰胺腺嘌呤二核苷酸磷酸：醌氧化还原酶 1（NQO1）是催化氢醌和醌氧化还原反应互变异构的酶。血红素加氧酶 -1 能将血红素转变为胆绿素、一氧化碳和铁，产生的胆绿素随即又被还原成胆红素。虾青素通过激活磷酸肌醇 3- 激酶和细胞外信号调节蛋白激酶，进而上调核因子 -E2 相关因子 2 信号通路，促进核因子 -E2 相关因子 2 从细胞氧化应激反应中的重要调控因子 KEAP1 解离（KEAP1 是将核因子 -E2 相关因子 2 定位于细胞质而无法进入细胞核发挥其转录活性的蛋白），上调核因子 -E2 相关因子 2 的核转位和 DNA 结合活性，从而增强还原型烟酰胺腺嘌呤二核苷酸磷酸：醌氧化还原酶 1、血红素加氧酶 -1 和谷胱甘肽 S- 转移酶 1 的活性，对抗神经系统的氧化损伤。

浓度为 10 μmol/L 的虾青素就能有效降低过氧化氢诱导产生氧化应激的脐静脉的内皮细胞内的活性氧水平，减少肿瘤抑制基因 p53 基因和半胱天冬酶 -3（细胞凋亡过程中最主要的终末剪切酶，也是细胞杀伤机制的重要组成部分）的表达，提高线粒体膜电位，抑制过氧化氢引起的脐静脉内皮细胞坏死，对心血管疾病具有防治作用。用 10 μmol/L 虾青素预处理过氧化氢诱导产生氧化应激的 PC-3 细胞后，可以通过减少半胱天冬酶 -3 的表达及提高启动细胞凋亡的"分子开关"Bcl-2/Bax 比率（Bcl-2 基因，即 B 细胞淋巴瘤 / 白血病 -2 基因，它是一种癌基因，具有明显抑制细胞凋亡的作用；Bax 基因是人体最主要的凋亡基因，属于 Bcl-2 基因家族）降低细胞凋亡率，还可以激活细胞膜上细胞外信号调节激酶和磷脂酰肌醇 3- 激酶（PI3K）/ 蛋白激酶 B（Akt）信号通路，使转录因子核因子 -E2 相关因子 2 从 Keap1- 核因子 -E2 相关因子 2 的复合体上脱落（Keap1 是细胞氧化应激反应中的重要调控因子；核因子 -E2 相关因子 2 是抗氧化反应的主要调节因子，对改善氧化应激非常重要；核因子 -E2 相关因子 2 通过与 Keap1 结合而锚定在细胞质中），由细胞质转入细胞核，与转译作用的抑制因子 ARE 蛋白结合，增强抗氧化酶和Ⅱ相酶的表达，保护机体免受活性氧的侵害。

（二）虾青素的增强免疫作用

免疫细胞对自由基损伤非常敏感，自由基会促进巨噬细胞细胞膜的降解，而损害其吞噬功能，抗氧化物尤其是虾青素可以保护免疫系统免受自由基的损害。

1. 通过免疫细胞调节免疫能力

虾青素能通过强抗氧化性及较强的诱导细胞分裂的活性作用，对免疫能力起到重要的调节作用。虾青素可以增强小鼠释放 IL-1α 和 TNF-α 的能力，其作用比 β- 胡萝卜素和角黄素强得多。IL-1 是一种细胞因子，有 IL-1α 和 IL-1β 两种类型，能刺激集落刺激因子、血小板生长因子等细胞因子的产生，在免疫细胞的成熟、活化、增殖，免疫调节、免疫应答和组织修复等一系列过程中均发挥重要作用。TNF-α 则能杀伤和抑制肿瘤细胞、促进中性粒细胞吞噬、引起细胞凋亡，TNF-α 对大部分肿瘤细胞具有细胞毒性，而且是介导细菌感染免疫应答的一个重要因素。TNF-α 也在诱导感染性休克、自身免疫性疾病、类风湿关节炎、炎症和糖尿病中起到重要作用。由此认为，虾青素有很强的诱导细胞分裂的活性，具有重要的免疫调节作用。

2. 抑制炎症介质、炎症因子

有研究表明，虾青素能减少巨噬细胞中活性氧的积累，抑制核因子 -κB 诱导的炎症介质的产生，从而提高机体的免疫功能。虾青素可抑制核因子 -κB 的活化，抑制炎症因子如前列腺素 E_2、涉及系统性炎症的细胞因子中的 TNF-α、IL-1β、诱导型一氧化氮合酶和环氧合酶 -2 的表达，减少一氧化氮的产生。虾青素联合伴刀豆球蛋白 A（Con A）或单独的虾青素均能够促进脂多糖诱导 γ 干扰素的产生。此外，虾青素治疗可显著促进脂多糖诱导的淋巴细胞体外增殖，IL-2 也在伴刀豆球蛋白 A 的刺激下增加。这表明虾青素可以在体外调节淋巴细胞免疫反应，并在不引起细胞毒性的情况下，通过增加 γ 干扰素和 IL-2 的产生，在一定程度上发挥其体外免疫调节作用。

　　脂多糖是革兰氏阴性菌外膜的特征性内毒素，通过丝裂原活化蛋白激酶和核因子 -κB 诱导先天免疫系统，可增加炎症介质的产生。脂多糖通过脂多糖结合蛋白（LBP，是存在于正常人和动物血清中的一种糖蛋白，对细菌内毒素即脂多糖中的类脂体 A 有高度亲和性）和分化簇 14（CD14，用作免疫抗原辨识的细胞标记）等辅助蛋白与先天免疫细胞中由髓样分化蛋白 -2（MD-2）和 Toll 样受体 4（TLR4）组成的表面受体复合物结合（Toll 样受体是一类在先天免疫系统中起关键作用的蛋白质，Toll 样受体 4 是细菌脂多糖介导的信号跨膜转导的主要受体，对于先天免疫系统识别病原微生物至关重要）。脂多糖 -Toll 样受体 4- 髓样分化蛋白 -2 蛋白抗体复合物激活下游的促炎信号通路，包括核因子 -κB 和丝裂原活化蛋白激酶，触发多种炎症因子的产生。TNF-α、IL-6、IL-1β、IL-12 和 IL-8 等多种炎症因子的过度释放，导致急性细胞或器质性损伤，形成脓毒症或急性肺损伤。采用脂多糖诱导的脓毒症和急性肺损伤小鼠模型进行体内研究，探讨虾青素对其的影响和作用机制。体内外实验均表明，虾青素处理可通过降低核因子 -κB 的抑制蛋白 IκB 的降解，阻止脂多糖刺激的小鼠原代巨噬细胞和脓毒症小鼠的丝裂原活化蛋白激酶、核因子 -κB 的活化，从而抑制丝裂原活化蛋白激酶、核因子 -κB 的信号通路，降低脂多糖增加的炎症因子，并显著提高小鼠的存活率，证明虾青素对脂多糖诱导的小鼠体内损伤具有明显的保护作用。

（三）虾青素的抗炎作用机制

　　虾青素通过抗氧化作用能减轻炎症。虾青素无论在体内还是在体外均可在蛋白质及 mRNA 水平上持续抑制炎症介质的产生，减少炎症细胞的浸润，表现出良好的抗炎作用。

1. 通过免疫过程抵抗炎症

脊椎动物的炎症反应大多与免疫过程有关，在脊椎动物体内的巨噬细胞，以固定细胞或游离细胞的形式对细胞残片及病原体进行噬菌作用，并激活淋巴球或其他免疫细胞对病原体做出反应。

虾青素可以抑制由细菌的脂多糖引起氧化应激所激发的炎症蛋白因子的表达。实验证明，虾青素可以直接阻断信号转导及转录激活因子 3（STAT3）重组蛋白的 DNA 结合活性（转录激活因子是一个转录因子家族，通过识别和结合环腺苷酸应答元件而激活基因表达，转录激活因子与特定 DNA 序列结合以促进基因转录），抑制脂多糖诱导的氧化活性、神经炎症反应和淀粉样变生成。在评价虾青素对脂多糖诱导的乌鳢体内外炎症反应的保护作用的实验中，虾青素在乌鳢体内调节 Toll 样受体 4、核因子 -κB 和丝裂原活化蛋白激酶的信号通路中发挥抗炎作用。在体内外实验中，虾青素处理可抑制脂多糖诱导的炎症因子 TNF-α、IL-6 和 IL-1β 的 mRNA 表达上调，可阻断 Toll 样受体 4 的表达，抑制核因子 -κB、p65 和核因子 -κB 的抑制蛋白 IκBα 的磷酸化。虾青素可以抑制丝裂原活化蛋白激酶信号通路中 p38 丝裂原活化蛋白激酶、细胞外信号调节激酶和应激活化蛋白激酶的磷酸化，维持线粒体完整性，减少线粒体释放生物氧化过程中的电子传递体细胞色素 C，抑制半胱天冬酶 -3 蛋白活化和过氧化氢介导的炎症反应。有关虾青素对活化小胶质细胞的影响的实验显示，虾青素可下调激活的小胶质细胞炎症因子 IL-6 的表达，抑制脂多糖刺激的 BV-2 小胶质细胞 mRNA 和蛋白的表达，而且降低了脂多糖诱导的诸多核因子 -κB 抑制蛋白的磷酸化水平。

虾青素可以通过下调小鼠脑组织及海马内 IL-1β、IL-10 及 TNF-α 的水平，发挥抗炎作用。虾青素可以减少在血液的非特异性细胞免疫系统中起十分重要作用的中性粒细胞的浸润，并可在转录及蛋白质合成中下调核因子 -κB 通路的活性，减少血红素过氧化物酶超家族成员之一的髓过氧化物酶、IL-1β、TNF-α 和细胞间黏附分子 -1 的持续表达，显著减轻大脑炎症。

虾青素促进 BV-2 小胶质细胞 M2 极化的同时抑制小胶质细胞 M1 活化，促使小胶质细胞从 M1 表型向 M2 表型分化，提高抗炎介质并下调炎症介质的表达，从而发挥抗炎作用。M1 型小胶质细胞产生促炎介质，加剧神经元的损伤；相反，M2 型小胶质细胞产生抗炎介质，以减轻神经元损伤并有利于组织修复。虾青素可通过脂蛋白受体相关蛋白 -1 抑制核因子 -κB 和应激活化蛋白激酶信号转导通路（应激活化蛋白激酶信号转导通路是丝裂原活化蛋白激酶通路的一重要分支，它在细胞周期、生殖、凋亡和应激等多种生理和病理过程中起重要作用），从而促进小胶质细胞的 M2 极化以抑制神经炎症，且对脂多糖 -γ 干扰素所诱导的 C6 细胞炎症反应有明显的抑制作用。虾青素作为一种新的过氧化物酶体增殖物激活受体 γ 激动剂，通过过氧化物酶体增殖物激活受体 γ 通路抑制脂多糖 -γ 干扰素诱导的 C6 细胞炎症反应，恢复蛋白酪氨酸磷酸酶 -1 的生理水平，抑制活性氧所诱导的核因子 -κB 的产生，进而有效抑制炎症因子的产生。通过阻断核因子 -κB 的活化、抑制参与由细胞因子引起的细胞内免疫反应的 IκB 激酶（IKK）复合体的活性，从而阻止一氧化氮产生和炎症基因表达，抑制炎症介质产生。虾青素在过敏性皮炎、肠炎、眼部炎症、神经炎症的动物模型实验中以及对细胞炎症的细胞株均有效果。

2. 降低多种炎症因子的水平、调节抗炎因子的释放

虾青素可以抑制多种炎症因子，如 TNF-α、前列腺素 E_2、IL-6、IL-10、IL-1β 和一氧化氮，并对这些炎症因子有下调作用。连续 2 周每天以 30 mg/kg 的投喂量灌胃虾青素，脓毒症小鼠体内炎症因子 TNF-α 和 IL-6 的释放被显著抑制，对小鼠重要器官具有保护作用，从而降低了小鼠的死亡率。对冬训期间的运动员进行研究后发现，通过每天 6 mg、连续 49 天补充虾青素，可以有效降低足球运动员在冬训期间血清炎症因子 TNF-α、IL-6、IL-1β 和 C 反应蛋白的水平，有效抑制炎症过程的进展，改善了运动员的炎症反应。高血糖会增加 IL-6、IL-Iβ 等炎症因

子的含量，损伤糖尿病小鼠海马、杏仁核和下丘脑神经元，使小鼠产生抑郁症状。小鼠连续 10 周口服虾青素，每天虾青素的剂量为 30 mg/kg，可以抑制炎症因子，保护糖尿病小鼠海马锥体，减轻抑郁症状。虾青素还可抑制核因子 -κB 亚基 p65 和 p50 的表达，从而减少 TNF-α、IL-1β 和 IL-6 等炎症因子的产生和诱导型一氧化氮合酶、环氧合酶 -2 的表达，还可抑制肥大细胞的活化和免疫球蛋白 E 的产生，发挥对过敏性皮炎的抗炎作用。

虾青素在抑制炎症因子的同时，还可促进抗炎因子释放，拮抗氧化应激，对脂多糖所致的小鼠急性肺损伤产生保护作用。虾青素能抑制因脂多糖诱发的 TNF-α、IL-8、髓过氧化物酶、丙二醛含量与肺组织湿重 / 干重比的升高，同时抑制肺组织中 IL-10 含量，使超氧化物歧化酶与谷胱甘肽过氧化物酶的活性降低，改善血中淋巴细胞亚群的分布而发挥抗炎作用。在小鼠实验中，虾青素首先通过抑制炎症因子的释放，减轻血清转氨酶和病理损伤；其次通过下调 TNF-α 介导的应激活化蛋白激酶通路，降低 B 淋巴细胞瘤 -2 蛋白的磷酸化，发挥其抗凋亡作用，从而对伴刀豆球蛋白 A 诱发的自身免疫性肝炎起到一定的保护作用。1- 甲基 -4- 苯基 -1,2,3,6- 四氢吡啶（MPTP）能诱发帕金森病，它的有效成分是 1- 甲基 -4- 苯基吡啶离子（MPP$^+$）。含 MPTP 和 MPP$^+$ 的有效药物一起被广泛地用于诱导帕金森疾病的实验，可诱导神经元细胞发生凋亡性死亡。虾青素在体内外研究中均可对抗 MPTP/MPP$^+$ 诱导的线粒体功能障碍。

3. 通过各种不同通路避免炎症过激反应与损伤的发生

虾青素通过各种不同通路如核因子、肿瘤坏死因子、白介素、干扰素、T 细胞和 B 细胞等，降低炎症因子产生，抑制炎症，或促进抗炎因子的产生，维持炎症因子与抗炎因子之间的动态平衡，避免炎症过激反应与损伤的发生。虾青素通过抑制核因子 -κB 和丝裂原活化蛋白激酶的信号转导通路而对脂多糖介导肝细胞产生的 TNF-α、IL-6、IL-1β 等炎症因子有下调作用。虾青素可通过低密度脂蛋白受体相关蛋白 -1 调控核

因子 -κB、应激活化蛋白激酶信号通路，而使小鼠小胶质细胞获得的永生细胞系 BV-2 的极性改变，使脂多糖介导 BV-2 产生的 TNF-α、IL-6、IL-1β 和 IL-10 下调。虾青素通过激活过氧化物酶体增殖物激活受体 γ 通路，抑制脂多糖、γ 干扰素诱导的 C6 细胞炎症反应，虾青素可干预脂多糖介导的 C6 细胞产生的氧化反应。虾青素还可通过抑制诱导型一氧化氮合酶的表达来抑制一氧化氮释放。虾青素可以降低 DNA 损伤的标志物和急性期蛋白，刺激分裂素诱导的淋巴细胞增生，提高自然杀伤细胞的细胞毒性，增加细胞亚群总数，从而提高机体免疫响应。

4. 对肠、眼、脊髓的抗炎作用

虾青素通过抑制核因子 -κB 通路中的 p65 蛋白表达，降低机体中 TNF-α、IL-6 和 IL-1β 的分泌，缓解脂多糖引起的急性肠道损伤，改善小鼠肠黏膜的结构和功能。虾青素通过抑制核因子 -κB 活性，降低下游炎症介质的表达，减少眼部氧化应激，具有抑制糖尿病视网膜病变发展的潜力；通过抑制晶状体氧化应激，对糖尿病大鼠的晶状体具有保护作用，可延缓代谢性白内障的发展；通过直接阻断一氧化氮合酶活性，抑制一氧化氮、前列腺素 E_2 和 TNF-α 产生，从而起到剂量依赖性的眼部抗炎作用。虾青素能够通过抑制脊髓损伤后髓过氧化物酶活性的升高，降低 TNF-α、IL-6、IL-1β 等多种炎症因子的含量及蛋白表达水平，明显减轻脊髓损伤后的炎症反应，改善脊髓损伤大鼠的运动功能。

5. 促进脂肪酸氧化、改善运动应激引起的炎症

肉碱棕榈酰转移酶 -1 是肝脏组织细胞中长链脂肪酸 β- 氧化的关键调节酶和限速酶，脂肪酸通过 β- 氧化向身体提供能量，肉碱棕榈酰转移酶缺陷的症状，主要表现为强直、筋肉痉挛等。脂肪酸转位酶是细胞膜表面的糖蛋白，能特异性结合长链脂肪酸，从而介导一系列重要的病理生理过程。研究表明，虾青素通过增强骨骼肌脂肪酸转位酶与肉碱棕榈酰转移酶 -1 共定位，抑制运动过程中肉碱棕榈酰转移酶 -1 的赖氨酸乙酰化，增强其活性，促进长链脂肪酸 β- 氧化，调控炎症因子，改善运动应激引起的炎症反应。

（四）虾青素的神经保护作用机制

虾青素能快速通过血脑屏障，对神经具有广泛的保护作用，与虾青素抗氧化、抗凋亡和抗炎的功能相关。

1. 通过调节抗氧化酶保护神经

虾青素能够通过抗凋亡、抗氧化、上调超氧化物歧化酶，以及促进神经修复来发挥抗脑缺血损伤作用；虾青素可通过调节蛛网膜下腔出血生物体内的内源性谷胱甘肽抗氧化酶和超氧化物歧化酶来发挥其保护神经作用；虾青素可以下调基质金属蛋白酶 -9，降低 IL-1β 和 TNF-α 表达、小胶质细胞活化以及中性粒细胞浸润从而发挥保护神经作用；虾青素通过降低一氧化氮合酶、上调血红素加氧酶 -1 和协同免疫作用的蛋白质 HSP70 的表达抑制全脑缺血损伤。

2. 通过抗氧化和抑制炎症保护神经

对于大鼠局灶性脑缺血的再灌注损伤诱导的氧化应激，研究虾青素对神经的保护作用发现，虾青素在 250 ～ 1000 nmol/L 浓度范围内，可减弱 50 μmol/L 过氧化氢诱导的细胞活力损失，对缺血再灌注引起的脑损伤具有明显的神经保护作用。发现虾青素通过激活与细胞增殖、转化和分化相关的细胞外信号调节激酶信号通路，减轻 β- 淀粉样蛋白诱导的细胞毒作用，降低多种炎症因子的水平，有效保护脊髓组织，减轻脊髓水肿，减轻脊髓损伤后的组织病理改变，对神经有明显的保护作用。

虾青素可抑制海马炎症，减少海马、杏仁核和下丘脑的神经元损伤。虾青素可降低在细胞凋亡中起关键作用的半胱天冬酶 -3 和半胱天冬酶 -9 的表达，促进磷脂酰肌醇 3- 激酶和蛋白激酶 B 在大脑皮层和海马中的表达，减弱氧化应激和炎症的活性，从而提高认知能力。

3. 促进神经细胞再生

虾青素能促进神经细胞再生，增加胶质纤维酸性蛋白、微管相关蛋白 -2、脑源性神经营养因子和生长相关蛋白的基因表达，这些蛋白质参与大脑的恢复。胶质纤维酸性蛋白在中枢神经系统损伤后的修复过程中起重要作用，参与了细胞通信，并在血脑屏障中起作用。微管相关蛋白 -2 参与微管生长和神经元再生。脑源性神经营养因子参与新生神经元的存活、生长和分化。生长相关蛋白可激活蛋白激酶通路，促进神经元突起的形成、再生和增强其可塑性。

4. 对神经系统疾病的保护作用

在神经系统退行性疾病的基础研究中显示，虾青素具有很好的抗阿尔茨海默病和帕金森病的药理学作用。虾青素在帕金森病中的保护作用是通过应激活化蛋白激酶和 p38 丝裂原活化蛋白激酶通路（应激活化蛋白激酶和 p38 丝裂原活化蛋白激酶通路是参与启动细胞凋亡的重要通路，主要介导细胞分化、增殖、凋亡等生理功能。应激活化蛋白激酶和 p38 丝裂原活化蛋白激酶的异常表达与恶性肿瘤的形成、发展有密切联系），抑制 β- 淀粉样蛋白 25-35 诱导人神经母细胞瘤细胞产生活性氧自由基的神经毒性损伤。虾青素抑制应激活化蛋白激酶和 p38 丝裂原活化蛋白激酶激活，可发挥其保护神经的作用。用 β- 淀粉样蛋白 1-42 介导的大鼠，口服虾青素 0.5 mg/kg 或 1 mg/kg 28 天，观察其行为学变化，发现虾青素对于海马胰岛素抵抗和 β- 淀粉样蛋白介导的伴随症状可起到保护神经的作用。已有大量的研究证明，氧化胁迫是帕金森综合征及肌萎缩侧索硬化等神经系统疾病诱发的主要原因或者具有促进作用，而虾青素可抑制氧化胁迫作用。

在来源大鼠肾上腺髓质嗜铬细胞瘤，广泛用于神经系统疾病体外研究的 PC12 神经细胞内，虾青素通过抑制 1- 甲基 -4- 苯基吡啶离子诱导的细胞死亡、乳酸脱氢酶释放和 DNA 片段化以及线粒体膜电位的降低，可以同时恢复 1- 甲基 -4- 苯基吡啶离子引起的谷胱甘肽含量降低、谷胱甘肽过氧化物酶和过氧化氢酶活性降低，并抑制丙二醛和活性氧产生。还原型烟酰胺腺嘌呤二核苷酸磷酸氧化酶介导产生的活性氧，是神经元氧化应激损伤的重要来源。研究显示，在帕金森患者脑中还原型烟酰胺腺嘌呤二核苷酸磷酸氧化酶表达增高，其诱导产生的活性氧参与帕金森的发病机制。虾青素能够通过上调血红素加氧酶 -1 的表达抑制还原型烟酰胺腺嘌呤二核苷酸磷酸氧化酶表达进而减弱 1- 甲基 -4- 苯基吡啶离子诱导的 PC12 神经细胞损伤，这表明虾青素能够发挥其保护神经的作用。

虾青素可改善促进海马依赖任务的神经行为表现，被认为是虾青素对阿尔茨海默病引起的认知功能和神经变性的主要作用机制。实验表明，PC12 神经细胞经 0.1 μmol/L 虾青素处理后，再用具有神经毒性的 30 μmol/L β- 淀粉样蛋白诱导，结果这些神经细胞受到虾青素的保护。其他研究也证实了虾青素对 β- 淀粉样蛋白诱导的原代培养海马神经元的活性氧生成和钙调节失调具有保护作用，并能显著降低由 N- 甲基 -4- 苯基吡啶碘损伤引起的 PC12 神经细胞的氧化应激水平和细胞死亡。

虾青素能够抑制 β- 淀粉样蛋白诱导的人神经母细胞瘤细胞（SH-SY5Y）活力降低、细胞内活性氧的产生、凋亡的发生以及半胱天冬酶 -3 的活化，虾青素同时能够抑制 β- 淀粉样蛋白引起的线粒体膜电位降低、Bcl-2/Bax 比例降低以及细胞色素 C 释放。研究显示，虾青素能够在可传代的神经细胞株 PC12 内，通过抗氧化机制抑制细胞损伤，即虾青素能够抑制 β- 淀粉样蛋白诱导的超氧阴离子自由基、羟自由基和过氧化氢的产生，同时可以抑制钙内流。虾青素可上调羟自由基的表达，这种表达的上调参与虾青素对 β- 淀粉样蛋白引起的损伤的抑制作用，而羟自由基抑制剂能够减弱这种抑制作用。同时虾青素能够激活 ERK$_1$ 和 ERK$_2$ 通路（ERK 指细胞外信号调节激酶，包括 ERK$_1$ 和 ERK$_2$），参与虾青素诱导羟自由基表达上调的机制。细胞外信号调节激酶是将信号从表面受体传导至细胞核的关键，虾青素通过激活蛋白激酶信号通路减轻 β- 淀粉样蛋白诱导的细胞毒作用从而发挥保护神经的作用。

5. 减轻脑水肿及抗凋亡作用

Na$^+$K$^+$2Cl$^-$ 共转运蛋白 -1 与水通道蛋白 -4 是室管膜细胞和星形胶质细胞表达的主要亚型，与外伤性脑损伤（TBI）诱导的脑水肿有关。研究发现，虾青素可以抑制 Na$^+$K$^+$2Cl$^-$ 共转运蛋白 -1 的 mRNA 的转录，下调水通道蛋白 -4 的表达水平，从而可减轻外伤性脑损伤后细胞毒性水肿和血管源性水肿，改善外伤性脑损伤后脑水肿的程度。进一步研究发现，虾青素还可诱导细胞内核因子 -κB 通路的表达，上调 Bcl-2 基因表达，降低促凋亡因子 Bax 基因表达，抑制内质网中 Ca^{2+} 的异常释放，减少 Ca^{2+} 的消耗。Bcl-2 和 Bax 的平衡对于细胞内环境平衡起重要作用，虾青素通过上述机制进而抑制 $Na^+K^+2Cl^-$ 共转运蛋白 -1 的表达，减轻星形胶质细胞、室管膜细胞的凋亡。

通过口服途径给予外伤性脑损伤小鼠虾青素，发现虾青素可通过恢复大脑皮层中的脑源性神经营养因子、生长相关蛋白 -43（一种与细胞及组织整体发育有关的蛋白，广泛存在于神经元细胞）、突触蛋白和突触素的表达水平，减少大脑皮层损伤面积及神经元损伤程度，提高神经元的存活率，促进小鼠认知功能的恢复；与对照组相比，治疗组小鼠的神经系统损伤程度评分及感觉运动表现评分均有明显改善。

（五）虾青素对创伤性损伤有强的抗氧化作用

通过研究氧化应激相关指标，如活性氧、超氧化物歧化酶、谷胱甘肽过氧化物酶、黄嘌呤氧化酶的变化，发现虾青素对烧伤早期创面恶化有预防作用，可调节与线粒体相关的凋亡，表明虾青素对创伤性损伤有强的抗氧化作用。对缺血再灌注模型的动物给予虾青素治疗，发现虾青素可减少器官梗死面积，降低动脉血压，降低中风的风险，且体内研究中应用不同的诱导模型经缺血再灌注损伤证实了虾青素在口服或静脉给药后潜在的保护作用。虾青素可改善缺血再灌注诱导的心肌细胞损伤，表现为细胞活性上调，乳酸脱氢酶、肌酸激酶同工酶 MB 含量降低。对小鼠股动脉阻断缺血后再灌注，给予虾青素治疗，虾青素表现出对应激损伤的补偿能力。巨噬细胞的标志物包括 CD68、CD163 等，组织学检查显示 CD68 和 CD163 在使用虾青素后呈阳性标记，说明有重塑过程。与此同时，核因子 -E2 相关因子 2 和醌氧化还原酶的高表达反映了再灌注 15 天后氧化损伤的减轻。此外，虾青素能明显减轻视网膜缺血再灌注损伤。

（六）虾青素在肝纤维化疾病中的作用

肝纤维化是一种创伤愈合反应，其特征是细胞外基质过度积累。肝星状细胞活化在肝纤维化过程中发挥关键作用，转化生长因子-β1 是最有效的促纤维化细胞因子。转化生长因子-β1/Smad3 信号调节纤维化关键基因转录，引起肝纤维化。基质金属蛋白酶与基质金属蛋白酶抑制剂不平衡加剧肝纤维化进程，转化生长因子-β1 调节基质金属蛋白酶及基质金属蛋白酶抑制剂的表达。虾青素能降低人肝星状细胞（LX-2）中转化生长因子-β1 诱导的纤维化基因 α-平滑肌肌动蛋白（α-SMA）和 α-11 型胶原蛋白（COL1A1）的表达，有效抑制人肝星状细胞纤维化，其机制为虾青素下调转化生长因子-β1 诱导的细胞信号转导分子 Smad3 的磷酸化和核易位。研究了虾青素对四氯化碳及胆小管结扎诱导的小鼠肝纤维化的保护作用，结果显示，虾青素有效改善了肝纤维化造成的病理损伤。虾青素通过下调核因子-κB 的水平降低转化生长因子-β1 的表达，维持基质金属蛋白酶与基质金属蛋白酶抑制剂的平衡，抑制肝星状细胞活化和细胞外基质形成。有研究报道，自噬降解肝星状细胞中脂质小滴，为肝星状细胞活化提供能量，从而加剧肝纤维化进程。虾青素可下调肝星状细胞自噬水平，减少营养供给，抑制肝星状细胞活化。另外，组蛋白乙酰化作用作为一种表观遗传模式参与肝星状细胞活化及肝纤维化过程。虾青素通过下调组蛋白去乙酰化酶 9（HDAC9）的表达，显著抑制肝星状细胞活化。

（七）虾青素的抗肿瘤机制

虾青素能抑制肿瘤生长、诱导细胞凋亡、抑制癌细胞转移、增强机体免疫力，其作用机制与其抗氧化作用有关，可能是通过活化过氧化物酶体增殖物激活受体 γ，抑制核因子-κB 激活等调控多种信号分子来实现抑癌作用。

1.抑制癌细胞存活、促进癌细胞凋亡

虾青素可浓度依赖性地抑制胶质瘤细胞存活并促进细胞凋亡，调节胶质瘤细胞中半胱天冬酶 -3、抗凋亡蛋白 Bcl-2 和人体最主要的促凋亡蛋白 Bax 的表达。丝裂原调控子 20（Cdc20）是一个致癌因子，在多种人类恶性肿瘤中表达上调，包括胰腺导管腺癌、乳腺癌、胶质母细胞瘤、卵巢癌及胃癌等，并且与多种肿瘤的不良预后密切相关。虾青素通过下调丝裂原调控子 20 抑制胶质瘤细胞增殖并诱导其凋亡。

15 mg/kg 虾青素连续灌胃口腔癌小鼠 14 周后，发现虾青素可以通过抑制在多种恶性肿瘤中发挥致癌作用的 STAT3 磷酸化来抑制由细胞因子参与的细胞增殖、分化、凋亡以及免疫调节的 JAK/STAT 信号转导。肺腺癌人类肺泡基底上皮细胞 A549，经 100 μmol/L 虾青素处理后，细胞增殖被显著抑制，并且虾青素能够降低抗凋亡蛋白 Bcl-2 的表达，增加促凋亡蛋白 Bax 的表达，从而促进 A549 癌细胞凋亡。100 μmol/L 虾青素作用于人胃癌细胞（KATO-1 和 SNU-1）后，通过抑制细胞外信号调节激酶的磷酸化，增强周期蛋白依赖性蛋白激酶中参与细胞凋亡、分化的 p27 Kip1 蛋白的表达，使细胞有丝分裂周期停滞在 G_0/G_1 期，有效抑制了细胞增殖。用虾青素处理黑色素瘤细胞 A375 和 A2058，发现其通过抑制金属蛋白酶 1，2 和 9 的表达，防止了黑色素瘤细胞的转移。乳腺癌细胞经过 60 μmol/L 虾青素处理后，细胞间隙连接通信功能增强。虾青素通过抑制间隙连接蛋白 43 的磷酸化，增强通信功能，抑制人皮肤成纤维细胞的增殖。

2.通过协同阻断上游激酶及其下游信号通路

癌症标志性能力（细胞增殖、细胞凋亡逃避、侵袭、转移和血管生成）是通过几种转录因子的异常激活发生的，其中作用最突出的是核因子 -κB 和 β- 连环蛋白（β-catenin）转录因子。研究发现，虾青素通过协同阻断上游激酶及其下游信号通路，阻断在多种物种的胚胎发育以及再生中都发挥重要作用的 Wnt/β-catenin 信号通路，诱导内源性细胞凋亡，

从而抑制仓鼠颊囊癌的发生。

3. 在肝癌中的作用

肝癌是一种死亡率极高的恶性肿瘤。多种信号通路与肝癌的发生密切相关。在黄曲霉素 B1（AFB1）诱导的肝癌中，虾青素显著降低了肝癌病灶的数目和大小，显著抑制了黄曲霉素 B1 诱导的 DNA 的单链断裂、黄曲霉素 B1 和肝 DNA 及血浆白蛋白的结合。研究发现，虾青素能抑制环磷酰胺诱导的大鼠早期肝癌发生。Nrf2-ARE 通路属于内源性抗氧化应激通路，其通过调节超氧化物歧化酶、DNA 修复酶等的表达，在癌症的发生发展过程中发挥重要作用。虾青素能抑制肝癌发生发展，可能与其激活 Nrf2-ARE 通路相关。虾青素通过抑制 JAK/STAT3 信号通路诱导小鼠肝癌细胞线粒体介导的凋亡。此外，虾青素还可能对 nm-23 进行调控从而起到抑制肝癌发生发展的作用，nm-23 编码一种核苷二磷酸激酶，该蛋白的表达上调有利于细胞骨架的正确组装及 T 蛋白信号的正确传递。虾青素能抑制人肝癌细胞 HCC LM3 和 SMMC-7721 增殖，并诱导其凋亡，其机制为虾青素通过抑制核因子 -κB 和 Wnt/β-catenin 信号通路调节其下游靶基因，如 Bcl-2、Bax 的表达，促进癌细胞凋亡，同时，虾青素下调糖原合成酶激酶 -3β（GSK-3β）磷酸化，抑制癌细胞浸润。研究表明，虾青素能抑制小鼠肝癌细胞 H22 增殖，将细胞阻滞在 G_2 期。脂肪从头合成的增加是多种恶性肿瘤发生的共同特征，脂肪酸合成酶在多种恶性肿瘤（包含肝癌）中表达升高，虾青素通过下调肝脏脂肪酸合成酶 mRNA 水平，发挥抑制肝脏肿瘤发生的作用。另外，脂肪合成通路中另一个关键调节因子脂肪细胞因子，在抑制人类肝癌细胞增殖并诱导其凋亡中发挥重要作用。虾青素通过提高血清中脂肪细胞因子水平，显著抑制肥胖小鼠肝癌发生。

4. 在肺癌中的作用

在裸鼠实验中，虾青素通过介导 Bcl-2、Bax 及血管内皮生长因子相关蛋白的表达，控制癌细胞增殖、抑制癌细胞转移、诱导癌细胞凋亡，增强机体的抗肿瘤作用。中、高剂量的虾青素对人源肺癌细胞 A549 裸鼠移植瘤具有治疗效果，且以虾青素高剂量治疗效果最佳。在非小细胞肺癌（NSCLC）细胞中，虾青素通过下调 MKK1/2-ERK1/2 介导的胸苷酸合成酶的表达，增强抗癌药物培美曲塞对肺癌细胞的细胞毒性。虾青素可通过降低蛋白激酶 B 活性，实现 DNA 双链断裂修复蛋白 RAD51 的下调表达，从而增强丝裂霉素 C 对人非小细胞肺癌细胞的细胞毒性。

（八）虾青素在胰岛素抵抗中的作用机制

胰岛素抵抗能引起 II 型糖尿病、肥胖。已知有三种胰岛素受体酪氨酸激酶作用的底物。其中胰岛素受体底物 1（IRS1）是一种蛋白质，为肝脏胰岛素信号转导的重要物质，胰岛素受体底物 1- 磷脂酰肌醇 3- 激酶 - 蛋白激酶 B（IRS1-PI3K-Akt）是胰岛素信号通路中的经典通路。在哺乳动物中，已有大量研究表明该信号通路可调控机体的营养代谢活动，若此通路活性降低，会引起胰岛素抵抗。应用高糖高脂饮食诱导，建立 II 型糖尿病小鼠模型，研究虾青素对肝脏胰岛素信号和葡萄糖代谢的作用，结果表明，用虾青素干预高果糖饮食组的小鼠，胰岛素敏感性明显改善。虾青素通过降低应激活化蛋白激酶和细胞外信号调节激酶 -1 活性，恢复胰岛素代谢通路 IRS1-PI3K-Akt，促进胰岛素磷脂酰肌醇 3- 激酶磷酸化表达，提高蛋白激酶 B 活性，改善肝脏胰岛素抵抗。

（九）虾青素在非酒精性脂肪性肝病中的作用机制

非酒精性脂肪性肝病（NAFLD）最初表现为脂肪变性，在炎症因子诱导下进一步发展成非酒精性脂肪性肝病，其常与慢性疾病（肥胖、糖尿病等）相关。虾青素能改善高脂饮食诱导的肥胖小鼠肝脂肪变性。研究表明，M2 型巨噬细胞 / 肝巨噬细胞促进 M1 型巨噬细胞 / 肝巨噬细胞凋亡，抑制非酒精性脂肪性肝病进程。虾青素减少 M1 型巨噬细胞 / 肝巨噬细胞，同时增加 M2 型巨噬细胞 / 肝巨噬细胞，减少肝脏对辅助性 T 细胞和细胞毒性 T 细胞的募集，抑制非酒精性脂肪性肝病中的炎症反应。给予高脂饮食小鼠口服虾青素 8 周，发现虾青素能改善高脂饮食诱导的小鼠肝脏脂质积累，降低肝脏甘油三酯水平，这些变化归因于虾青素对过氧化物酶体增殖物激活受体的调节。虾青素活化过氧化物酶体增殖物激活受体α，提高肝脏脂肪酸转运、代谢、氧化水平，抑制肝脏脂肪积累，并通过 AMP 活化蛋白激酶、过氧化物酶体增殖物激活受体γ共激活因子 -1α（PGC-1α）诱导肝细胞自噬，分解脂质小滴。过氧化物酶体增殖物激活受体γ调节脂质合成相关基因表达，促进脂肪酸储存，过氧化物酶体增殖物激活受体γ过表达会诱导肝脏脂质积累。虾青素同时还抑制过氧化物酶体增殖物激活受体γ表达，减少肝脏内脂肪合成。此外，虾青素还可通过抑制 Akt-mTOR 通路，同样引起肝细胞自噬，分解肝脏储存的脂质小滴。虾青素通过过氧化物酶体增殖物激活受体α降低肝内 IL-6、TNF-α 水平，抑制炎症发生，抑制非酒精性脂肪性肝病进程。虾青素降低肝脏调节脂肪酸合成代谢的关键基因 FASN 的 mRNA 水平，直接抑制脂肪从头合成。

（十）虾青素延缓衰老机制

虾青素能够促进胸腺依赖性抗原（TD-Ag）刺激时的抗体产生，显著促进分泌免疫球蛋白 IgG 和 IgM 的细胞的数目增加。研究表明，在抗原入侵初期，虾青素能通过增加小鼠体内的免疫球蛋白 IgM、IgA 和 IgG 水平，增强特异性体液免疫反应，可使小鼠体内的 IgM、IgA 和 IgG 分别都增加至 10 mol/L，能够部分恢复年老小鼠的体液免疫系统。虾青素能提高人体免疫球蛋白的产生，对机体免疫能力有调节作用。虾青素还能增强 T 细胞对人体血细胞刺激产生免疫球蛋白，对视网膜功能具有改善作用。

（十一）虾青素抗凋亡作用机制

虾青素通过调节丝裂原活化蛋白激酶，增强 Bcl-2 相关抗凋亡蛋白的磷酸化，下调细胞色素 C、半胱天冬酶 -3 和半胱天冬酶 -9 的活性。它还能激活 PI3K-Akt 信号通路，进而改善线粒体相关凋亡情况。细胞外信号调节激酶是将信号从表面受体转导至细胞核的关键；丝裂原活化蛋白激酶信号通路可将细胞外刺激信号转导至细胞及其核内，并最终引起细胞增殖、分化、转化及凋亡等一系列生物学反应。虾青素可通过细胞外信号调节激酶、丝裂原活化蛋白激酶和 PI3K-Akt 级联的失活，诱导仓鼠口腔癌模型的内源性凋亡途径。将培养的内皮细胞用虾青素预处理 24 h，与叔丁基过氧化氢共孵育 6 h，用 MTT 检测细胞的凋亡情况，研究发现，虾青素对内皮细胞的抑制作用与剂量呈正相关。有研究表明，虾青素通过降低活性氧、蛋白质羰基化、细胞色素 C 释放和线粒体膜电位有效地减弱 6- 羟基多巴胺和二十二碳六烯酸过氧化物的毒性，最终抑制人神经母细胞瘤细胞的凋亡。C57BL/6 小鼠是广泛用以模拟人类基因缺陷类疾病的近交品系实验鼠，用虾青素预处理从这种小鼠大脑取材培养 7～10 天的星形胶质细胞 2 h，虾青素通过诱导核因子 -κB 表达，进而上调 Bcl-2，减弱星形胶质细胞损伤后的凋亡。

虾青素的生理功能及其作用机制的阐明，对于开发和研制抗氧化、预防肿瘤、心血管疾病和慢性退行性疾病的虾青素制剂提供了重要的理论依据。但目前机体对虾青素的代谢、吸收利用，虾青素对神经体液调节、体内自由基平衡，以及虾青素作为运动补剂的补充时间、补充量、有无副作用等还有待深入、系统的研究。

第十章

虾青素的研究专利

（一）全球虾青素研究专利分析

由于虾青素具有极高的应用价值，近几十年来，虾青素专利申请和
应用研究取得了很大的进展。虾青素应用专利最集中的两个领域是养殖
领域和医学领域，养殖领域主要集中在动物的喂养饲料，医学领域主要
集中在皮肤治疗与保健用品。中国在 2000 年后成为专利申请大户，公布
数量排在了第三位，美国、日本和中国为排名前三的专利优先权受理国。

目前虾青素最热门的技术领域是用于皮肤的化妆品及医药用品，反
映了全球研究人员对虾青素在医药和化妆品领域应用的重视。虾青素基
础研究领域，主要集中在改善工艺或寻找更合适的微生物来提高虾青素
产量上，如改造红法夫酵母以生产虾青素及相关的微生物工程，优化利

用微生物工程和发酵工程生产虾青素的方法等。另外也有属于虾青素生产领域的有机合成方法改进的专利。还有的专利是关于含虾青素的食品、食料的制备或处理如烹调、营养品质的改进、物理处理方法，以及关于化合物或药物制剂的特定治疗活性。

（二）虾青素在化妆品中的专利

虾青素在化妆品领域的应用专利首见于 1985 年的日本，从 2001 年起呈现增长趋势，2010 年进入高速增长期。虾青素在化妆品应用中的技术主题主要有以下几类。

1. 防止皮肤老化、改善皱纹和皮肤弹性

1994 年，日本专利 JPH0873311A 和 JPH0873312A 公开了具有良好的皮肤抗衰老作用的含有虾青素衍生物的组合物，虾青素衍生物与水溶性维生素产生了协同抗衰老效果。1998 年，日本专利 JPH11228381A 表述了具有清除自由基的能力、含有虾青素蛋黄油的美白和抗衰老化妆品。2004 年，韩国专利 KR1020040040557A 公开了含有虾青素和维生素 C 或其衍生物的化妆品组合物，具有抗皱、抗衰、促进成纤维细胞增殖、促进胶原蛋白合成、增湿、改善皮肤弹性的作用。2003 年，日本专利 JP2003055188A 公开了虾青素、生育三烯酚的皮肤护理制剂和化妆品，其具有防止皱纹形成的作用。2006 年，日本专利 JP2007238488A 公开了含有皮肤渗透成分和虾青素的乳液型皮肤外用剂，皮肤渗透性能优异，改善皮肤弹性并具有防老化作用。2009 年，韩国专利 KR1020100080441A 公开了含单糖和虾青素等抗氧化剂的化妆品组合物，可确保皮肤的光泽度、抗衰老和色素沉着。2014 年，中国专利 CN104114146A 公开了虾青素能用作正常皮肤细胞赋活化剂。

2. 防止污染和辐射带来的损伤

2003 年，法国专利 FR2735364A1 公开了含有包括虾青素在内的类胡萝卜素的蓝光过滤剂，能够保护存在于皮肤中的内源性类胡萝卜素，对抗紫外线和污染物给皮肤带来的氧化侵害。2005 年，韩国专利

KR1020050071464A 公开了肽铜配合物和作为抗氧化剂、抗炎剂的虾青素的组合物能够抵抗空气污染和紫外辐射引起的细纹、皱纹及毛发损伤。

3. 防紫外线

1986 年申请的日本专利 JP63083017A 是关于虾青素用于防晒伤的化妆品。1993 年，日本专利 JPH05155736A 公开了含磷虾来源的虾青素的化妆品，其具有防止紫外损伤、防止皮脂氧化和预防皮肤老化的效果。2004 年，美国专利 US20050008588A1 公开了含有虾青素等类胡萝卜素的化妆品能用于保护存在于皮肤中的内源性类胡萝卜素免受光辐射。2005 年，法国专利 FR2895257A1 公开了含虾青素等类胡萝卜素的亲脂性抗氧化剂用于眼部以抵抗眼睛暴露在污染及阳光、紫外线、蓝光等辐射源中所受到的伤害。2014 年，中国专利 CN104434548B 提出了一种虾青素包封率高达 93.76% 的具有防晒和修复功效的水凝胶微胶囊。

4. 美白、去斑、治疗痤疮

1995 年，法国专利 FR2735364A1 提交了具有控制释放活性成分的化妆品或皮肤病学组合物，其中含有能够被转化为视黄醇及视黄酸或其异构体的类胡萝卜素，如虾青素，能够对抗光老化和预防痤疮。2003 年日本专利 JP2004331512A 涉及了虾青素和粗糙红糖提取物作为活性成分的化妆品组合物，其具有优异的抗炎、抗氧化、抑制黑色素生成，以及预防皮肤皱纹、色斑等的效果。日本专利 JP2011032171A 中提到将虾青素作为增白剂和常规增白成分组合物，具有协同美白作用。

5. 营养头发、染色

虾青素呈红色，具有超强的色素沉积能力。2002 年，德国专利 DE10226700A1 中提到含虾青素的组合物可用于营养头发、改善头发性能、刺激头发生长和保护头发抵抗紫外线辐射。2003 年，欧洲专利 WO03105791A1 的内容是将虾青素微胶囊用于制备头发强化剂，并可改善干性发质，防止氧化造成的黑色素细胞损伤。美国专利 US20040028642A1 公开了能解热清毒，治皮炎、湿疹、风湿痛的余甘子提取物和虾青素的组合物，其还可用于治疗头皮屑，用作染发剂。

6. 改善唇部粗糙、赋予唇部色彩

2014 年，中国专利 CN104398393B 中提到将虾青素天然色素进行微胶囊处理制备成微胶囊型唇膏，可以防止天然色素褪色、变色，还因其安全性与生物活性赋予唇膏养生概念。日本专利 JP2015013826A、JP2015048323A、JP2016037501A 和 JP2016040244A 中提到了含有虾青素、可用于改善唇部粗糙的唇用化妆品。

7. 抑制体味

2013 年，日本人申请的中国专利 CN102883707A 中提到了一种含虾青素等类胡萝卜素的清洁化妆品，其具有好的溶解性和稳定性。日本专利 JP2011236171A 中提到了虾青素可作为有效成分抑制体味。

8. 其他用途

日本专利 JP2013006775A 中提到了虾青素用作胶原凝胶收缩促进剂和肌动蛋白聚集增强剂。2010 年，法国专利 FR2939036A1 和 FR2956580A1 公开了含有虾青素的组合物用于皮肤的人工着色方法。

（三）虾青素在中国申请的 300 篇专利

近些年来人们对虾青素的认知进步很快，对虾青素的研究也越来越重视，科研成果很多，特别是有关虾青素的专利数量增长很快。国内申请人以企业为主，还有一些科研院校、研究单位及个人，近十几年来，在国家知识产权局已申请了近 850 篇专利，下面仅选近几年国内申请的 300 篇专利，按中国专利公开（公告）日降序排序，专利的申请号、申请（专利权）人和发明（设计）名称如下：

1	CN202110271023.6	咀香园健康食品（中山）有限公司	一种虾青素流心奶黄月饼及其制备方法
2	CN202110365745.8	大连工业大学	一种基于分离乳清蛋白提高虾青素释放率的微球制备方法
3	CN202110205046.7	中国海洋大学	一种脂肪酶及其在水解虾青素酯中的应用

4	CN202110272984.9	云南爱尔康生物技术有限公司	一种含雨生红球藻来源虾青素的彩色泡腾珠及其制备方法
5	CN202110136343.0	浙江工业大学	一种速释虾青素纳米粒的制备方法
6	CN202110350428.9	云南维他源生物科技有限公司	一种虾青素组合物及其制备方法、制剂与应用
7	CN202011154451.2	中国科学院天津工业生物技术研究所	虾青素合成菌株构建及其应用
8	CN202110174213.6	南京乔运康生物科技有限公司	一种虾青素制备反应搅拌控制装置
9	CN202110165031.2	王立强	一种能够促进卵脂虾青素口服吸收的配方食品及其制备方法
10	CN202011505988.9	南京理工大学；点斗基因科技（南京）有限公司	一种虾青素脂质体的制备方法
11	CN202011644886.5	山东蓝奥生物技术有限公司	一种添加虾青素的保健油及其应用
12	CN202011504839.0	广州立达尔生物科技股份有限公司	一种提高虾蟹体内虾青素含量的类胡萝卜素饲料添加剂的制备方法
13	CN202011494971.8	日照职业技术学院	一种虾青素藻油高内相乳液及其制备方法
14	CN202110135054.9	常州市第二人民医院	叶黄素制备虾青素的方法
15	CN202011500203.9	日照职业技术学院	一种天然游离态虾青素的高效制备及纯化方法
16	CN202011519274.3	大连工业大学	一种刺激响应型虾青素纳米颗粒及其制备方法和在线粒体靶向、缓解结肠炎症方向的应用
17	CN202011504198.9	唐建华	虾青素红酒及其酿造方法
18	CN201910922603.X	中南民族大学	一种利用固定化雨生红球藻两步法生产虾青素的方法
19	CN202110118100.4	常州市第二人民医院	虾青素软胶囊及其制备方法
20	CN202011509711.3	青岛大学附属医院	一种虾青素纳米纤维口腔黏膜贴片及其制备方法
21	CN202011241094.3	南京未来宠物产业研究院有限公司	一种虾青素在制备功能性宠物食品中的应用

22	CN202011254045.3	云南爱尔康生物技术有限公司	一种含虾青素、牛磺酸、烟酰胺单核苷酸及电解质的运动饮料及制作方法
23	CN202011460020.9	常州市第二人民医院	一种高水分散虾青素酯微球的制备方法
24	CN202011246417.8	胡勇刚	一种虾青素的超临界微粒化制备工艺
25	CN202011384560.3	中国海洋大学	利用雨生红球藻直接制备富含虾青素的乳制品及其方法
26	CN201910788499.X	中国科学院青岛生物能源与过程研究所	一种提高红发夫酵母虾青素产量的方法
27	CN202011262070.6	林美云	一种虾青素饼干加工用混料装置
28	CN202011494944.0	日照职业技术学院	一种虾青素酯纳米复合物颗粒的制备方法
29	CN202011222282.1	柳州市宏华牧业有限责任公司	一种低胆固醇含量和高虾青素含量的鸡蛋的生产方法
30	CN202011228451.2	中国海洋大学；青岛海洋食品营养与健康创新研究院	一种虾青素酯在促毛发生长制品中的应用
31	CN202011134943.5	湖南助农农业科技发展有限公司	一种高虾青素含量的稻虾养殖方法
32	CN202010983373.0	云南中医药大学	一种芳香虾青素速溶片及其制备方法
33	CN202011052257.3	自然资源部第三海洋研究所；厦门市科环海洋生物科技有限公司	一种从红法夫酵母提取虾青素的方法
34	CN202011290568.3	美丽链接生物科技研究院（广东）有限公司	一种含天然虾青素的修护滋养双层身体乳
35	CN202011192559.0	南京卓蓝生物有限公司	一种富含天然虾青素的饲料及其制备方法
36	CN202011182025.X	南京卓蓝生物有限公司	一种含有虾青素的饮品及其制备工艺
37	CN202011143435.3	云南红青夫生物科技有限公司	一种虾青素营养液缓释艾灸灸导装置
38	CN202010601264.8	武汉林宝莱生物科技有限公司	一种大麻二酚与虾素软胶囊及其制备方法

39	CN202011049075.0	沈阳药科大学	氨基酸类天然低共熔溶剂提取虾壳中虾青素的方法
40	CN202010991651.7	王立强	一种卵质虾青素柔性纳米脂质体及制备方法
41	CN202010975829.9	厦门市昶科健康食品科技有限公司	一种提高禽蛋中虾青素含量的饲料
42	CN202011042768.7	广州源肽生物科技有限公司	含虾青素脂质体与多肽类化合物的冻干粉及其制备方法
43	CN202010995481.X	中国科学院烟台海岸带研究所	一种畜禽养殖用高活性虾青素膜剂及其制备方法
44	CN202010994367.5	中国科学院烟台海岸带研究所	一种水产养殖用全效虾青素调水剂及其制备方法
45	CN202011116603.X	浙江海洋大学	一种水溶型虾青素纳米乳的制备方法及发热型抗疲劳护眼罩的制备方法
46	CN202010921219.0	湖南贝贝昇生物科技有限公司	一种虾青素的检测方法
47	CN202011070655.8	王立强	一种卵质虾青素柔性纳米脂质体组合物及美妆品的制备
48	CN202010995470.1	中国科学院烟台海岸带研究所	一种虾青素喷剂及其制备方法、使用方法
49	CN202010921216.7	湖南贝贝昇生物科技有限公司	一种虾青素酒的制作方法
50	CN202010908472.2	珠海华敏医药科技有限公司	一种虾青素鸡蛋饮品及其制作方法
51	CN202010669167.2	荣成市森维迪生物科技有限公司	一种含虾青素的延缓衰老固体饮料
52	CN202010826837.7	同方药业集团有限公司	一种虾青素营养素固体饮料
53	CN202010743908.7	杭州娃哈哈科技有限公司；杭州娃哈哈集团有限公司	一种含虾青素的抗氧化排毒的口服液及其制备方法
54	CN201910426244.9	清馨（北京）科技有限公司	一种虾青素油的纯化方法
55	CN202010842930.7	宜昌东阳光生化制药有限公司	一种高产虾青素的发酵培养基及其应用
56	CN202011093167.9	中国农业科学院生物技术研究所	一种联合表达载体及其在玉米籽粒表达虾青素中的应用

57	CN202010655628.0	华南理工大学	基于杜氏盐藻代谢途径和夏侧金盏花 CBFD 与 HBFD 的产虾青素工程菌及其构建与应用
58	CN202010655671.7	华南理工大学	基于杜氏盐藻代谢途径和雨生红球藻 BKT 的产虾青素工程菌及其构建方法与应用
59	CN202010779060.3	李华	一种虾青素和人参皂苷 Rg3 联合组合物制备抗肝癌的药物
60	CN202010744296.3	燕山大学	一种虾青素纳米微囊的制备方法
61	CN202010891415.8	云南爱尔康生物技术有限公司	雨生红球藻制取虾青素油的方法
62	CN202010701237.8	江苏省农业科学院	一种超声波烫漂预处理提高青虾干制品虾青素含量的方法
63	CN202010810869.8	广州珈纳生物科技有限公司	一种含虾青素的唇用天然抗氧化组合物
64	CN202010733602.3	中国海洋大学	一种制备水溶性虾青素的方法及由其制得的虾青素水溶液
65	CN202010696872.1	中国科学院合肥物质科学研究院	一种外加添加剂提高雨生红球藻虾青素产量的方法
66	CN201910267026.5	中国农业大学；昆明加加宁生物制品有限公司	一种虾青素酯酶及虾青素单体的制备方法
67	CN202010523952.7	安徽省好朋友食品有限公司	一种含有虾青素的功能性巧克力及其制备方法
68	CN202010764499.9	万华化学集团股份有限公司	一种氧化角黄素制备虾青素的方法
69	CN202010775620.8	江苏扬新生物医药有限公司	一种含有虾青素和钙的片剂
70	CN202010633127.2	浙江华睿生物技术有限公司	一种构建虾青素生产菌的方法
71	CN202010549666.8	云南爱尔康生物技术有限公司	一种水溶性雨生红球藻虾青素软胶囊及其制备方法
72	CN202010364701.9	佛山科学技术学院	一种虾青素水溶液的制备方法
73	CN202010291331.0	阿茹涵（广州）科技有限公司	一种虾青素抗氧化精华液及其制备方法
74	CN202010276965.9	云南爱尔康生物技术有限公司	一种虾青素酒及其制备方法

75	CN202010282144.6	宁德市南海水产科技有限公司	添加虾青素粗制品的大黄鱼软颗粒饲料生产工艺
76	CN201910086135.7	南方科技大学	微流控芯片及其制备方法、应用和虾青素的生产方法
77	CN202010289261.5	攀枝花学院	虾青素抗疲劳运动饮料及其制备方法
78	CN202010277312.2	山东畜牧兽医职业学院	高产虾青素工业化生产用菌泥酶解破壁设备
79	CN202010368747.8	昆明理工大学	一株产虾青素的红冬孢酵母基因工程菌株
80	CN202010374414.6	云南爱尔康生物技术有限公司	吸附分离天然虾青素酯的方法
81	CN202010407397.1	华熙生物科技股份有限公司；山东华熙海御生物医药有限公司	一种提高虾青素透皮吸收的组合物及其应用
82	CN202010182214.0	电子科技大学	一种基于虾青素添加剂的有机太阳能电池及其制备方法
83	CN202010198568.4	电子科技大学	一种基于虾青素阴极缓冲层的有机太阳能电池及其制备方法
84	CN202010285515.6	上海新高姿化妆品有限公司	一种稳定的虾青素精华液及其制备方法
85	CN202010223216.X	广东海洋大学	萃取剂及使用其提取虾青素的方法
86	CN202010266014.3	云南龙布瑞生物科技有限公司	一种虾青素微囊包埋工艺
87	CN202010088630.4	江苏大学	一种虾青素和阿霉素联合制剂及其应用
88	CN202010147310.1	何凤霞	一种含雨生红球藻提取物（虾青素）的饮品及其制作方法
89	CN202010135639.6	大连医诺生物股份有限公司	一种有良好冲调性的虾青素纳米乳液及其制备方法
90	CN201811551731.X	威海紫光科技园有限公司	一种雨生红球藻虾青素保健食品及制备方法
91	CN202010097080.2	广西大学	一种水溶性虾青素产品及其制备方法
92	CN202010088083.X	佛山市鼎科科技发展有限公司	基于雨生红球藻培养的虾青素微胶囊制作方法

93	CN202010061251.6	上海海洋大学	含有虾青素和槲皮素的固体自微乳微囊及其制备方法和应用
94	CN201911297997.0	喻洁	一种天然虾青素的微胶囊及其制备方法
95	CN202010135638.1	大连医诺生物股份有限公司	一种有良好稳定性的虾青素纳米乳液及其制备方法
96	CN202010118338.2	中国海洋大学	一种全反式游离虾青素的生物制备方法
97	CN202010135634.3	大连医诺生物股份有限公司	一种虾青素胶原蛋白液体饮品及其制备方法
98	CN201811423282.0	云南爱尔康生物技术有限公司	一种从雨生红球藻中提取虾青素的方法
99	CN202010154616.X	博露（厦门）生物股份有限公司	一种抗冠状病毒的虾青素衍生物制备及应用
100	CN202010118954.8	吉林农业大学	一种发酵生产左旋虾青素的方法
101	CN202010031650.8	中国科学院昆明植物研究所	一种包括虾青素合成酶融合基因的重组质粒、重组菌及应用
102	CN201911014790.8	浙江海洋大学	一种耐胃液消化型虾青素递送体的制备方法
103	CN201811352316.1	南京萌源康德生物技术有限公司	一种虾青素的提取方法
104	CN202010088067.0	佛山市鼎科科技发展有限公司	一种高纯度虾青素提取方法
105	CN201910967073.0	浙江海洋大学	一种抑制南美白对虾腐败菌的含虾青素生物抗菌复合膜的制备方法
106	CN202010154615.5	博露（厦门）生物股份有限公司	一种用于抗病毒的虾青素制剂
107	CN202010031979.4	中国科学院昆明植物研究所	一种包括虾青素合成酶融合基因、无筛选标记基因 NPT Ⅱ 的重组质粒、重组菌及应用
108	CN201911215898.3	天津大学	高效生物合成虾青素的集胞藻6803基因工程菌及构建方法及应用
109	CN201911178459.X	浙江工业大学	一种利用微通道反应器酶解制备游离虾青素的方法

110	CN201911317657.X	集美大学	一种促使僵鳗恢复正常生长的乳化虾青素复合制剂
111	CN201911387174.7	福建启元堂生物技术有限公司	一种虾青素冻干粉及其制备方法
112	CN201911053540.5	厦门昶科生物工程有限公司	一种丁酸虾青素双酯的制备方法
113	CN201911208943.2	华南理工大学	一种添加虾青素的油脂凝胶基巧克力及其制备方法
114	CN201911170742.8	睿藻生物科技（苏州）有限公司	一种提升运动能力的虾青素泡腾片及制备方法
115	CN201911255525.9	王洪波	一种虾青素精华提取物冻干粉及其制备方法
116	CN201911052640.6	厦门昶科生物工程有限公司	一种提高虾青素产量的生产方法
117	CN201911184198.2	中国科学院天津工业生物技术研究所	促进微藻虾青素酯化的方法
118	CN201911100093.4	青岛浩然海洋科技有限公司	一种虾青素口服液的生产方法
119	CN201911117480.9	大连医诺生物股份有限公司	一种用于含虾青素制剂的掩味剂及其应用
120	CN201911110978.2	厦门昶科生物工程有限公司	一种虾青素乳化液及其制备方法
121	CN201911184890.5	天津活力达生物科技有限公司	具有美白功能的虾青素直饮粉组合物及其制备方法和应用
122	CN201911161367.0	浙江科技学院；李珂	一种拉曼显微镜测定雨生红球藻虾青素含量的方法
123	CN201910991418.6	云南钰腾生物科技有限公司	一种高稳定性虾青素的提取设备及提取方法
124	CN201910979217.4	浙江海洋大学	一种从南极磷虾中提取虾青素的方法
125	CN201911038994.5	四川轻化工大学；山东拜昂生物技术有限公司	从雨生红球藻藻泥中高效萃取虾青素的方法
126	CN201910986548.0	福建启元堂生物技术有限公司	一种基于雨生红球藻的虾青素提取方法
127	CN201811324308.6	荆楚理工学院	一种含有硒虾青素及其 DHA 的鸡饲料

128	CN201911180984.5	上海海洋大学	虾青素自微乳制剂及其制备方法和应用
129	CN201911106290.7	北京红蓝猫生物科技有限公司	一种虾青素油脂质体组合物及其应用
130	CN201911039888.9	内江金瑞莫生物科技有限公司	一种极性分散叶黄素、利用叶黄素得到虾青素的制备工艺
131	CN201911071263.0	杭州鑫伟低碳技术研发有限公司	一种雨生红球藻虾青素水溶粉配方产品
132	CN201911069089.6	云南红青夫生物科技有限公司	一种制备虾青素减脂饼干的设备及制备方法
133	CN201911069090.9	云南红青夫生物科技有限公司	一种含虾青素的夹心软糖制备设备和制备方法
134	CN201910966381.1	河北农业大学	一种应用双水相体系分离制备虾青素的方法
135	CN201910893308.6	华南理工大学	一种用虾壳生产几丁寡糖、虾青素、蛋白质和钙粉的酶法绿色工艺
136	CN201910881020.7	孙启城	一种含有左旋肉碱和虾青素的保健食品
137	CN201911021608.1	常熟理工学院	含虾青素微胶囊的泡腾片及其制备方法
138	CN201910977742.2	大连工业大学	一种TPP线粒体靶向虾青素乳液及其制备方法
139	CN201910892577.0	林大昌	一种从新鲜虾和/或蟹废弃物中提取天然虾青素的方法
140	CN201910936968.8	济南大学	一种采用虾青素为还原剂制备纳米银粉的方法
141	CN201911023991.4	四川轻化工大学；山东拜昂生物技术有限公司	非连续性两步法培养雨生红球藻生产虾青素的方法
142	CN201910942339.6	广东海洋大学	一种虾青素纳米脂质体及其制备方法和应用
143	CN201910983716.0	广州尚薇化妆品有限公司	一种含有机虾青素的抗氧化抗衰的水散粉及其制备方法
144	CN201910920209.2	杭州兰茜化妆品有限公司	一种虾青素精华液及其制备工艺
145	CN201910830167.3	云南普丹红农业科技有限公司	一种葡萄专用虾青素液体肥

146	CN201910702974.7	浙江九如堂生物科技有限公司	基于透皮吸收制备雨生红球藻中虾青素的方法
147	CN201910702991.0	杭州女舒生物科技有限公司	一种从雨生红球藻中快速提取虾青素的方法
148	CN201910720580.4	天津农学院	一种促进雨生红球藻生长和积累虾青素的方法
149	CN201910827115.0	昆明理工大学	一种利用虾青素油延长核桃油货架期的方法
150	CN201910860317.5	广州宝莱生物科技有限公司	一种包含己基间苯二酚和虾青素的美白抗衰老膏剂
151	CN201910717355.5	浙江李子园食品股份有限公司	一种从雨生红球藻中制备虾青素的方法
152	CN201910672311.5	嘉必优生物技术（武汉）股份有限公司	混合培养裂殖壶藻和雨生红球藻产DHA和虾青素的方法
153	CN201910750985.2	广州美蔻生物科技有限公司	一种虾青素冻干粉及其制备方法
154	CN201910769166.2	广州珈纳生物科技有限公司	一种虾青素抗氧化精华液
155	CN201910786850.1	汕头市奇伟实业有限公司	一种含虾青素纳米乳抗衰老眼霜膏及其制备方法
156	CN201910686424.0	云南钰腾生物科技有限公司	一种含虾青素的糖果粉碎装置及粉碎工艺
157	CN201910686437.8	云南钰腾生物科技有限公司	一种虾青素的提取装置及提取工艺
158	CN201910073504.9	暨南大学	高产虾青素的雨生红球藻JNU35及其培养方法与应用
159	CN201910686441.4	云南钰腾生物科技有限公司	一种含虾青素的护肤品的生产装置及其生产工艺
160	CN201910570277.0	集美大学	虾青素在制备葡萄糖苷酶抑制剂的用途
161	CN201910742345.7	广东海洋大学	一种深共晶溶剂微乳液提取体系及提取虾青素的方法
162	CN201910719945.1	河南师范大学	一种富含天然虾青素的微胶囊鱼类饲料添加剂及其制备方法
163	CN201910706432.7	大连工业大学	一种虾青素-海藻酸钙微球的制备方法

164	CN201910569055.7	集美大学	虾青素在制备醛糖还原酶抑制剂的用途
165	CN201910439206.7	华南理工大学；广州藻能生物科技有限公司	一种利用佐夫色绿藻生产虾青素的方法
166	CN201910570391.3	华南农业大学	一株胶红酵母 JS2018 及其在发酵糖蜜生产虾青素中的应用
167	CN201910693039.9	中国海洋大学	甲氧基聚乙二醇乙酸虾青素酯及其制备方法
168	CN201910507846.7	苏州绿叶日用品有限公司	一种含有虾青素的组合物及其制备方法
169	CN201910592257.3	日照职业技术学院	一种可高效吸收的天然虾青素眼霜及其制备方法
170	CN201910592258.8	日照职业技术学院	一种含天然虾青素的精华液
171	CN201910421709.1	荆楚理工学院	一种简易虾青素培养器及使用其培养虾青素的方法
172	CN201910574151.0	日照职业技术学院	一种高生物效价虾青素化妆品
173	CN201910402239.4	广州艾菲斯生物科技有限公司	一种含虾青素的精华液
174	CN201910318594.3	浙江清荣生物科技发展有限公司	一种虾青素口服液及其制备方法
175	CN201910559651.7	班磊	一种半合成虾青素中间体玉米黄质的制备方法
176	CN201910532454.6	北京林业大学	一种用于培养产虾青素微藻的培养基、一种经济型产虾青素微藻的培养方法及其应用
177	CN201910384632.5	青岛浩然海洋科技有限公司	一种叶黄素与虾青素的复合粉剂生产方法
178	CN201910313505.6	中铭生物科技（深圳）有限公司	在胶囊类药品、保健品、功能性食品添加虾青素的方法
179	CN201910313064.X	中铭生物科技（深圳）有限公司	一种在化妆品中添加天然虾青素的方法
180	CN201910334823.0	广东海洋大学	一种利用离子液体微乳液提取虾青素的方法
181	CN201910384081.2	青岛浩然海洋科技有限公司	一种天然虾青素和葛仙米复合片剂的制作方法
182	CN201910357578.5	东南大学	一种虾青素固体自微乳及其制备方法

183	CN201910160102.2	帝斯曼知识产权资产管理有限公司	包含合成的食品级虾青素的粉状制剂、油质悬浮物和膳食补充剂
184	CN201910329007.0	天津大学	高产虾青素的菌株及其应用
185	CN201910313059.9	中铭生物科技（深圳）有限公司	一种在烘焙类食品中添加天然虾青素的方法
186	CN201810007009.3	文建鸿	一种富含虾青素和黄烷醇的抗衰老巧克力及其制备方法
187	CN201910334846.1	广东海洋大学	一种利用离子液体 - 盐双水相体系提取虾青素的方法
188	CN201910231369.6	沭阳乐福橡塑工业有限公司	一种天然虾青素 / 二氧化硅橡胶纳米复合材料制备的方法
189	CN201910248905.3	广东现代汉方科技有限公司	复合雨生红球藻虾青素自乳化软胶囊及其制备方法与应用
190	CN201910300308.0	喻洁	一种带有虾青素的狗饲料及其制备方法
191	CN201910278283.9	睿藻生物科技（苏州）有限公司	一种含有天然虾青素酯的乳液及其制备方法
192	CN201910278282.4	睿藻生物科技（苏州）有限公司	一种含天然虾青素酯的微胶囊及其制备方法
193	CN201910278281.X	睿藻生物科技（苏州）有限公司	一种利用雨生红球藻生产虾青素的方法
194	CN201910249019.2	广东现代汉方科技有限公司	复合雨生红球藻虾青素脂肪乳制剂及其制备方法与应用
195	CN201910079099.1	江南大学；高邮市元鑫冷冻有限公司	一种高虾青素、高磷脂虾油的制备方法
196	CN201910140675.9	中铭生物科技（深圳）有限公司	一种虾青素蛋黄酒的制造方法
197	CN201711000153.6	国家海洋局第三海洋研究所	一种包封游离虾青素的脂质体及其制备方法
198	CN201910047734.8	昆明理工大学	利用黄腐酸提高雨生红球藻生物量和虾青素产量的方法
199	CN201910045883.0	云南龙布瑞生物科技有限公司	一种调节女性肌肤、抗衰老的雨生红球藻虾青素固体饮料
200	CN201910045542.3	云南龙布瑞生物科技有限公司	一种维持心血管系统健康的雨生红球藻虾青素固体饮料

201	CN201910105838.X	中国海洋大学	H1、H2 或 J 型虾青素聚集体水分散体系的制备方法与应用
202	CN201710940719.7	中国科学院大连化学物理研究所	一种微藻中虾青素含量快速测定方法
203	CN201910021703.5	中铭生物科技（深圳）有限公司	一种以天然虾青素蛋黄为主要原料的乳酸菌饮料的加工方法
204	CN201780050531.3	日本水产株式会社；日本生物基因有限公司	虾青素的生产方法
205	CN201910045882.6	云南龙布瑞生物科技有限公司	一种维护关节和缔结组织健康的雨生红球藻虾青素压片糖果及其制备方法
206	CN201811524724.0	中铭生物科技（深圳）有限公司	一种高虾青素含量低脂肪比例蛋黄酱的制造方法
207	CN201910008559.1	中山大学	一种超临界提取虾青素的方法
208	CN201910045884.5	云南龙布瑞生物科技有限公司	一种超临界 CO_2 萃取雨生红球藻中虾青素的工艺
209	CN201811592517.9	浙江皇冠科技有限公司	一种转基因红法夫酵母高产 3S, 3′S 虾青素方法及其应用
210	CN201910021785.3	日照职业技术学院	一种虾青素生物微胶囊的制备方法
211	CN201811625576.1	甘肃省农业科学院旱地农业研究所；青岛大救星海洋生物科技有限公司；甘肃农业大学	一种农业用虾青素及其制备方法
212	CN201811607855.5	浙江海洋大学	诱导藻细胞高效合成虾青素的方法
213	CN201811539965.2	林大昌	一种富含天然虾青素的鸡粪发酵饲料及其制备方法和应用
214	CN201811312337.0	荆楚理工学院	一种养肝明目的硒虫草虾青素
215	CN201811528651.2	昆明白鸥微藻技术有限公司	一种虾青素 EGF 原液及其制备方法
216	CN201910000416.6	陈丽娟	一种虾青素软胶囊
217	CN201811231957.1	长沙满旺生物工程有限公司	一种仔鸡虾青素生命素的配制方法
218	CN201811510082.9	广东轻工职业技术学院	一种包覆虾青素的固体脂质-微胶囊载体及其制备方法

219	CN201811525974.6	中铭生物科技（深圳）有限公司	一种天然虾青素蛋黄油的制造方法
220	CN201811286540.5	杭州鑫伟低碳技术研发有限公司	铁皮石斛虾青素果冻及其制造方法
221	CN201811287617.0	杭州鑫伟低碳技术研发有限公司	一种虾青素和铁皮石斛组合的食用凝胶产品及其制备方法
222	CN201811389494.1	江苏大学	一种静电喷雾法制备的虾青素纳米制剂及其制法
223	CN201811182960.9	中国水产科学研究院黄海水产研究所	一种南极磷虾中虾青素单酯参考物质的制备方法
224	CN201811383416.0	华南理工大学	提高色绿藻胞内虾青素和藻油积累量的诱导培养方法
225	CN201811625577.6	青岛大救星海洋生物科技有限公司；甘肃省农业科学院旱地农业研究所；甘肃农业大学	一种含有微生物的虾青素肥料及其制备方法
226	CN201811289348.1	杭州鑫伟低碳技术研发有限公司	一种雨生红球藻虾青素和铁皮石斛的饮料及其制备方法
227	CN201811506480.3	上海交通大学医学院附属第九人民医院	一种载虾青素磷脂纳米粒及其制备方法与应用
228	CN201811520462.0	深圳职业技术学院	一种虾青素微胶囊的制备方法
229	CN201811489937.4	广州智特奇生物科技股份有限公司	一种雨生红球藻破壁提取虾青素酯的方法
230	CN201811339357.7	中铭生物科技（深圳）有限公司	一种用雨生红球藻喂养禽类提高虾青素生物转化率的方法
231	CN201811447120.0	徐州市迪港商贸有限公司	一种虾青素软胶囊配方
232	CN201811140764.5	中国科学院海洋研究所	一种富含虾青素的脊尾白虾的培育方法
233	CN201811524708.1	中铭生物科技（深圳）有限公司	一种以虾青素鸡蛋为原料的特种膳食基材的制造方法
234	CN201710634938.2	林迪	一种含虾青素保健食品的配方及制备方法
235	CN201811093778.6	北京爱仁医疗科技有限公司	一种含有虾青素的食品及其在肠道菌群调节中的应用

236	CN201811204178.2	青岛科技大学	一种天然虾青素及其酯类负载于填料防护橡胶复合材料老化的方法
237	CN201811327017.2	纪新强	提高微藻中虾青素含量的方法
238	CN201811357704.9	日照职业技术学院	一种虾青素功能性运动饮料及其制备方法
239	CN201711246515.X	天津地天科技发展有限公司	一种虾青素预防肿瘤延缓衰老的六种原料保健食品配方
240	CN201811223200.8	清华大学深圳研究生院	一种添加纳米材料诱导雨生红球藻高效积累虾青素的方法
241	CN201811067412.1	宁波大学	一种促进雨生红球藻中虾青素积累的方法
242	CN201811327658.8	纪新强	提高微藻中虾青素含量的方法
243	CN201811528650.8	昆明白鸥微藻技术有限公司	一种虾青素丰润唇膏及其制作方法
244	CN201811252181.1	长沙满旺生物工程有限公司	一种家庭园艺专用生物虾青素营养液的配制方法
245	CN201811339339.9	中铭生物科技（深圳）有限公司	一种提高鸡蛋天然虾青素含量的方法
246	CN201811234204.6	长沙协浩吉生物工程有限公司	一种无抗虾青素动物混合饲料添加剂的配制方法
247	CN201811414574.8	青岛浩然生物科技有限公司	一种天然虾青素和葛仙米复合粉剂的制作方法
248	CN201811182702.0	中国水产科学研究院黄海水产研究所	一种南极磷虾中虾青素双酯参考物质的制备方法
249	CN201810951942.6	中国热带农业科学院农产品加工研究所	一种富含虾青素的有机钙虾醋及其制备方法
250	CN201811205582.1	云南爱尔康生物技术有限公司	一种制备虾青素中链脂肪酸单酯和虾青素中链脂肪酸双酯的方法
251	CN201811227373.7	长沙协浩吉生物工程有限公司	一种虾青素育肥猪生命液的配制方法
252	CN201811227375.6	长沙协浩吉生物工程有限公司	一种虾青素母猪生命液的配制方法
253	CN201811230776.7	长沙协浩吉生物工程有限公司	一种无抗虾青素蛋鸡生命液的配制方法

254	CN201811234205.0	长沙协浩吉生物工程有限公司	一种虾青素蛋鸡生命液的配制方法
255	CN201811234217.3	长沙协浩吉生物工程有限公司	一种虾青素家禽生命液的配制方法
256	CN201811254125.1	长沙满旺生物工程有限公司	一种水培蔬菜专用生物虾青素营养液的配制方法
257	CN201811254144.4	长沙满旺生物工程有限公司	一种铁皮石斛专用生物虾青素营养液的配制方法
258	CN201811203892.X	广州立达尔生物科技股份有限公司	一种高虾青素产量的菌株及其应用
259	CN201811433934.9	山东理工大学；南京腾邦光电科技有限公司	一种三色光复合培养诱导雨生红球藻高产虾青素的方法
260	CN201811287602.4	杭州鑫伟低碳技术研发有限公司	一种铁皮石斛虾青素啫喱及其制作方法
261	CN201811321573.9	长沙协浩吉生物工程有限公司	一种无抗虾青素水产动物饲料添加剂的配制方法
262	CN201811314876.8	长沙协浩吉生物工程有限公司	一种无抗虾青素家禽混合饲料添加剂的配制方法
263	CN201810578108.7	昆明藻能生物科技有限公司	一种富含DHA、虾青素和辅酶Q10的功能性禽蛋生产方法
264	CN201810922860.9	威海利达生物科技有限公司	一种添加虾青素的淡水鱼饲料及其制备工艺
265	CN201811202425.5	云南爱尔康生物技术有限公司	一种含虾青素既能缓解视疲劳又能改善视力的固体饮料及其制备方法
266	CN201811236382.2	厦门唐人玺生物科技有限公司	一种制作含天然虾青素的面点类食品工艺方法
267	CN201811315475.4	长沙协浩吉生物工程有限公司	一种无抗虾青素仔鸡混合饲料添加剂的配制方法
268	CN201811225176.1	长沙协浩吉生物工程有限公司	一种水果树专用生物虾青素营养液的配制方法
269	CN201811202443.3	云南爱尔康生物技术有限公司	一种含虾青素的精油皂及其制备方法
270	CN201811106891.3	佛山市普达美生物医药科技有限公司	虾青素的用途
271	CN201810924972.8	威海利达生物科技有限公司	一种含有虾青素的瓜果保鲜剂及方法及应用

272	CN201811219496.6	长沙协浩吉生物工程有限公司	一种蔬菜专用生物虾青素营养液的配制方法
273	CN201811096521.6	广东海洋大学	一种胶红酵母中虾青素提取及分离纯化的方法
274	CN201811117345.X	福建康是美生物科技有限公司	一种从雨生红球藻中提取虾青素的方法
275	CN201811024971.4	山东东方海洋科技股份有限公司	一种饲料中虾青素及其结构类似物的检测方法
276	CN201811282512.6	广东湛杨饼业有限公司	一种含有虾青素的功能性月饼及其制备方法
277	CN201811202442.9	云南爱尔康生物技术有限公司	一种含有雨生红球藻虾青素调理女性机体的压片糖果及其制备方法
278	CN201811202458.X	云南爱尔康生物技术有限公司	一种褐藻虾青素压片糖果及其制备方法
279	CN201811202885.8	云南爱尔康生物技术有限公司	一种雨生红球藻虾青素果蔬酵素压片糖果及其制备方法
280	CN201811202460.7	云南爱尔康生物技术有限公司	一种虾青素沙棘油固体饮品及其制备方法
281	CN201811202883.9	云南爱尔康生物技术有限公司	一种雨生红球藻虾青素泡腾片及其制备方法
282	CN201810883909.4	山东鲁华海洋生物科技有限公司	一种两步法制备高虾青素含量南极磷虾油的方法
283	CN201810658540.7	浙江皇冠科技有限公司	重组微生物源天然虾青素基因工程菌及其产物的制备方法
284	CN201810658542.6	浙江皇冠科技有限公司	一种高产虾青素发酵培养基的配方技术及应用
285	CN201810775741.5	江苏省海洋水产研究所	一种用于提高南美白对虾虾体内虾青素含量的组合物制剂及其制备方法和应用
286	CN201810939518.X	青岛中科潮生生物技术有限公司	采用木质纤维素制备虾青素的方法
287	CN201810981614.0	中山大学	一种抗氧化性虾青素软胶囊的制备方法
288	CN201810717333.4	华南理工大学；广州元大生物科技发展有限公司	破壁乳杆菌超临界CO_2静态与动态协同提取虾青素的方法

289	CN201810924978.5	威海利达生物科技有限公司	一种高效制备虾青素标品的方法
290	CN201810803141.5	深圳市博奥生物科技有限公司	一种虾青素软胶囊及其制备方法
291	CN201810795769.5	威海利达生物科技有限公司	通过提高红法夫酵母生物量合成虾青素及测定的方法
292	CN201810723727.0	安徽科技学院	一种基于红外光谱显微成像技术的雨生红球藻虾青素合成过程研究方法
293	CN201810796004.3	威海利达生物科技有限公司	一种红法夫酵母发酵生产虾青素的发酵培养基及方法
294	CN201710321586.5	云南爱尔发生物技术股份有限公司	一种含天然虾青素的家禽饲料
295	CN201810965889.5	济宁医学院	一种从虾壳和蟹壳中提取虾青素的方法
296	CN201811108620.1	昆明加加宁生物制品有限公司	一种采用雨生红球藻提取虾青素的方法
297	CN201810795724.8	威海利达生物科技有限公司	一种可提高虾青素产量的红法夫酵母培养方法
298	CN201810814956.3	杭州园泰生物科技有限公司	一种制备和纯化虾青素的方法
299	CN201810513140.7	吉林农业大学	大鳞副泥鳅虾青素配合饲料
300	CN201810322202.6	华南理工大学	一种含虾青素的调味品及其制备方法

参考文献

1. 刘志东，马德蓉，陈雪忠，等 . 南极磷虾虾青素研究进展 [J]. 大连海洋大学学报，2021，36（5）：866-874.

2. 陈丹，汪锋，蒋珊，等 . 虾青素化学和生物合成研究进展 [J]. 食品工业科技，2021，42（21）：445-453.

3. 赵唯雯，高梦楠，黄汉昌，等 . 高效液相色谱法测定保健食品中的虾青素含量 [J]. 食品安全质量检测学报，2021，12（6）：2229-2234.

4. 赵英源，王昭萱，薛文杰，等 . 虾青素聚集体的研究进展 [J]. 现代食品科技，2021，37（7）：327-334.

5. 刘建国，李虎，张孟洁，等 . 红球藻虾青素与炎症反应和肺部疾病的研究进展 [J]. 生物学杂志，2021，38（2）：8-12.

6. 孙双，张婷，方琰，等 . 雨生红球藻高产虾青素的培养条件优化 [J]. 现代食品科技，2021，37（6）：98-107.

7. 韩吉平，江宁，诸永志，等 . 天然虾青素的制备和功能研究进展 [J]. 江苏农业科学，2021，49（8）：56-60.

8. 李雨霖，余炼，倪婕，等．对虾加工下脚料的综合提取技术研究进展 [J]．食品工业科技，2020，41（23）：337-345.

9. 高岩，邢丽红，孙伟红，等．不同来源虾青素提取、纯化及定量检测方法的研究进展 [J]．食品安全质量检测学报，2020，11（5）：1414-1423.

10. 张舟艺，曲雪峰，胡文力，等．虾青素的检测及生物活性研究进展 [J]．食品安全质量检测学报，2020，11（5）：1431-1438.

11. 赵英源，刘俊霞，陈姝彤，等．虾青素生理活性的研究进展 [J]．中国海洋药物，2020，39（3）：80-88.

12. 韩卿卿，姜小燕，黄鑫．虾青素干乳剂制备工艺研究 [J]．现代职业教育，2020（30）：178-179.

13. 郭红星，高望，周尽学．虾青素几何异构体的分离、鉴定及抗氧化性能试验分析 [J]．现代盐化工，2020，47（6）：21-22.

14. 左正宇，邵洋，刘杨，等．虾青素对肝脂代谢与昼夜节律的调节作用 [J]．食品科学，2019，40（3）：165-172.

15. 宋瑞龙，马碧霞，赵廉，等．食品中虾青素的研究进展 [J]．美食研究，2019，36（4）：73-76.

16. 陈昊阳，王翀．虾青素对创伤性颅脑损伤保护作用的研究进展 [J]．中华脑科疾病与康复杂志（电子版），2019，9（4）：246-250.

17. 董宝莲，郭玲．虾青素的研究进展 [J]．中国临床药理学杂志，2019，35（8）：821-824.

18. 江利华，柳慧芳，郝光飞，等．虾青素抗氧化能力研究进展 [J]．食品工业科技，2019，40（10）：350-354.

19. 邝锦斌，陈允卉，褚观年，等．综述虾青素的提取工艺及其在化妆品中的应用 [J]．广东化工，2019，46（12）：79-81.

20. 彭宇，任晓丽，陈林，等．虾青素制剂技术及其对虾青素稳定性影响的研究进展 [J]．中国油脂，2019，44（4）：115-121.

21. 赵黎博，廖杰 . 化妆品中虾青素相关专利技术综述 [J]. 科技风，2019（15）：200-202.

22. 姜燕蓉，刘锴锴，齐筱莹，等 . 虾青素的生物功效及其运载体系研究现状 [J]. 食品与发酵工业，2019，45（13）：250-256.

23. 刘涵，陈晓枫，刘晓娟，等 . 不同几何构型虾青素的体外抗氧化作用及对秀丽隐杆线虫氧化应激的保护作用 [J]. 食品科学，2019，4（3）：178-185.

24. 周庆新，杨鲁，谷彩霞，等 . 不同运载体系对虾青素酯生物利用度的影响研究 [J]. 中国食品添加剂，2018（9）：62-70.

25. 谢虹，王福强，邱彦国，等 . 天然虾青素生产方法研究进展 [J]. 粮食与饲料工业，2018（12）：50-51，56.

26. 夏栩如，曲雪峰，王茵 . 虾青素预防心血管疾病作用的研究进展 [J]. 食品安全质量检测学报，2018，9（9）：15-23.

27. 王群，林波 . 虾青素在肝脏疾病中作用的研究进展 . 中国生物制品学杂志 [J]，2018，31（7）：797-800，804.

28. 张辰，谭秀文，万发春，等 . 虾青素在畜牧养殖中的应用研究进展 [J]. 山东畜牧兽医，2018，39（6）：80-82.

29. 王玉敏，葛永利，赵丽楠，等 . 虾青素的神经保护作用机制研究进展 [J]. 中国药学杂志，2018，53（8）：569-573.

30. 邢涛，张慧，祁琳琳，等 . 从雨生红球藻中提取虾青素的工艺研究 [J]. 中国食品添加剂，2018（11）：169-174.

31. 谈俊晓 . 南极磷虾虾青素制备及稳定性研究 [D]. 上海：上海海洋大学，2018.

32. 潘雪珊，戴凌玫，卢英华，等 . 溶氧及植物激素对红发夫酵母生长与虾青素合成的影响 [J]. 厦门大学学报（自然科学版），2017，56（5）：679-685.

33. 巩风英 . 雨生红球藻中虾青素合成及几何异构体的分析研究 [D]. 山东：中国科学院大学（中国科学院海洋研究所），2017.

34. 吴丽君，郭新明 . 虾青素及运动对人体抗氧化能力、血乳酸、血尿酸代谢的影响 [J]. 体育科学，2017，37（1）：62-67，80.

35. 张晓娜，惠伯棣，裴凌鹏，等 . 功能因子虾青素研究概况 [J]. 中国食品添加剂，2017（8）：208-214.

36. 彭永健，吕红萍，王胜南，等 . 天然虾青素的研究进展 [J]. 中国食品添加剂，2017（4）：193-197.

37. 闫慧云，王桂林，闫唯，等 . 天然虾青素生物活性研究进展 [J]. 山东化工，2017，46（8）：64-65.

38. 徐文刚，谷庆舟，陈怀新，等 . 以虾壳为原料提取虾青素和壳聚糖的研究 [J]. 食品研究与开发，2016，37（3）：65-67.

39. 徐健 . 雨生红球藻中虾青素的提取及虾青素对皮肤细胞损伤的保护作用 [D]. 浙江：浙江大学，2015.

40. 谢悠扬，陈佳雯，李美珠，等 . 虾青素的神经保护作用研究进展 [J]. 医学综述，2016，22（3）：440-443.

41. 林飞良，张梦云，庞定国，等 . 红球藻提取物大鼠 90 d 喂养试验与致畸试验研究 [J]. 毒理学杂志，2016，30（1）：85-86.

42. 吕亭亭，刘海丽，冯晓慧，等 . 虾青素来源及生物活性的研究进展 [J]. 中国食物与营养，2016，22（7）：67-70.

43. 王升力，黄雪琴，郭诗，等 . 响应面法优化虾壳中虾青素提取工艺的研究 [J]. 陕西农业科学，2016，62（2）：1-5.

44. 孙伟红 . 不同来源虾青素的分离制备及其构效关系研究 [D]. 山东：中国海洋大学，2015.

45. 杨澍 . 南美白对虾中虾青素类化合物在贮藏及加工过程中变化规律的研究 [D]. 山东：中国海洋大学，2015.

46. 王春明，徐英祺，杨雅，等 . 全球虾青素研究专利计量分析 [J]. 植物分类与资源学报，2015，37（2）：221-232.

47. 付凯，袁逸民，蒋昊，等 . 虾青素在小鼠肾脏缺血再灌注损伤方面的保护作用 [J]. 东南大学学报（医学版），2015，6（2）：222-225.

48. 苏铁柱. 虾青素的生理功能及其在运动中的应用 [J]. 商洛学院学报，2014，28（2）：87-91.

49. 饶毅，曾恋情，魏惠珍，等. 高效液相法测定虾青素的含量 [J]. 江西中医药大学学报，2014（5）：86-88.

50. 邹欣蓉，刘琼，毛玉山，等. 虾青素与Ⅱ型糖尿病研究进展 [J]. 中国海洋药物，2014，33（3）：91-94.

51. 王茵，胡婷婷，吴成业. 虾壳中虾青素提取工艺条件的确定及优化 [J]. 福建农业学报，2013，28（10）：1045-1049.

52. 宋素梅. 南极磷虾壳中虾青素的提取与分离纯化 [D]. 江苏：江南大学，2013.

53. 于晓. 南极大磷虾虾青素制备与理化性质的研究 [D]. 山东：中国海洋大学，2013.

54. 张晓燕. 南极磷虾壳中虾青素提取纯化与纳米包载 [D]. 山东：中国海洋大学，2013.

55. 孙来娣. 南极磷虾产品关键质量指标检测方法的研究 [D]. 山东：青岛大学，2013.

56. 王丽娟. 维生素 E 对 UVA 诱导人皮肤成纤维细胞光损伤的防护作用 [D]. 重庆：重庆大学，2013.

57. 孙来娣，高华，刘坤，等. 南极磷虾粉中虾青素的提取 [J]. 食品与发酵工业，2013，39（3）：196-201.

58. 冯龙飞. 虾青素的药理作用研究进展 [J]. 科技信息，2012（13）：449，456.

59. 黄文文，洪碧红，易瑞灶，等. 虾青素生产方法及生物活性的研究进展 [J]. 中国食品添加剂，2012（6）：214-218.

60. 张晓燕，刘楠，周德庆，等. 天然虾青素来源及分离的研究进展 [J]. 食品与机械，2012，28（1）：264-267.

61. 王丹. 天然色素虾青素的研究进展 [J]. 中国化工贸易，2012（3）：122.

62. 陶姝颖, 明建. 虾青素的功能特性及其在功能食品中的应用研究进展 [J]. 食品工业, 2012, 33（8）: 110-114.

63. 路婷婷, 陈亚泽, 卢涛, 等. 紫外线的皮肤损伤机制及具有紫外线防护作用的天然产物的研究进展 [J]. 中国药理学通报, 2012, 28（12）: 1655-1659.

64. 肖素荣, 李京东. 虾青素生产方法研究进展 [J]. 中国食物与营养, 2011, 17（4）: 27-29.

65. 肖素荣, 李京东. 虾青素的特性及应用前景 [J]. 中国食物与营养, 2011, 17（5）: 33-35.

66. 张碧娜, 吕飞, 丁玉庭. 天然虾青素提取及其稳定性研究进展 [J]. 河南农业科学, 2011, 40（7）: 17-20.

67. 刘宏超, 杨丹. 从虾壳中提取虾青素工艺及其生物活性应用研究进展 [J]. 化学试剂, 2009, 31（2）: 105-108.

68. 张影霞, 武利刚, 罗志辉, 等. 虾青素的提取及其稳定性的研究 [J]. 现代食品科技, 2008, 24（12）: 1288-1291.

69. 裘晖, 朱晓立. 虾青素的结构与功能 [J]. 食品工程, 2007（1）: 16-18.

70. 杨艳, 周宇红, 徐海滨. 虾青素抗氧化作用动物实验研究 [J]. 现代预防医学, 2007, 36（13）: 2432-2433.

71. 张晓丽, 刘建国. 虾青素的抗氧化性及其在营养和医药应用方面的研究 [J]. 食品科学, 2006（1）: 258-262.

72. 胡金金, 靳远祥, 傅正伟. 虾青素结构修饰的研究进展 [J]. 食品科学, 2007, 28（12）: 531-534.

73. 张玉彬, 潘建英, 帕它木, 等. 长波 UV 线对皮肤健康的影响 [J]. 中国公共卫生, 2006（4）: 494-496.

74. 焦雪峰. 虾青素在化妆品中的应用 [J]. 广东化工, 2006（1）: 13-15.

75. 彭小兰. 虾青素的生理功能及其生产与应用研究 [J]. 当代畜牧，2005（11）：50-52.

76. 李兆华，刘鹏. 虾青素的功能及应用进展 [J]. 食品与药品，2005，7（9）：17-20.

77. 赵唯雯，高梦楠，黄汉昌，等. 高效液相色谱法测定保健食品中的虾青素含量 [J]. 食品安全质量检测学报，2021，12（6）：2229-2234.